普通高等教育“十三五”规划教材

数学物理方程与进阶分析工具

朱一超　编著

科学出版社
北京

内 容 简 介

本书着重讨论波动、热传导以及泊松方程这三类最典型的二阶偏微分方程，同时也将对一些可用于求解偏微分方程的重要分析工具，如特殊函数等，进行简单讨论. 为了帮助读者初步形成综合运用数学方法解决物理问题的能力，本书的核心内容是偏微分方程，它是刻画在演化中蕴含守恒之物理世界诸多机制的重要手段.

本书可供力学、物理学、工程科学及相关专业的本科生、研究生、教师和科研人员使用，也可作为希望对偏微分方程有所了解的读者之入门教材.

图书在版编目(CIP)数据

数学物理方程与进阶分析工具/朱一超编著. —北京：科学出版社，2020.2
ISBN 978-7-03-064400-8

I. ①数… II. ①朱… III. ①数学物理方程 IV. ①O411.1

中国版本图书馆 CIP 数据核字(2020) 第 016461 号

责任编辑：刘信力／责任校对：邹慧卿
责任印制：赵　博／封面设计：蓝正设计

科学出版社 出版
北京东黄城根北街 16 号
邮政编码：100717
http://www.sciencep.com
固安县铭成印刷有限公司印刷
科学出版社发行　各地新华书店经销
*
2020 年 2 月第 一 版　开本：720 × 1000　B5
2024 年 4 月第三次印刷　印张：9　3/4
字数：184 000

定价：48.00 元
(如有印装质量问题，我社负责调换)

前　言

数学物理方法或类似课程 (以下简称 "数理方法课程") 旨在帮助学生逐渐形成综合运用数学方法解决物理问题的能力. 在理工科本科生专业课程大纲中, 数理方法课程往往扮演着 "承前启后" 的枢纽角色. 这是因为, 一方面在数理方法课程学习过程中需要深入应用各类高等数学课程中的大量基础知识; 另一方面, 课程中的诸多思想方法也是后续定量分析类专业课程的基础. 本书旨在帮助读者梳理数理方法课程中的关键知识点, 提升量化分析之思维格局.

数理方法课程的核心内容是偏微分方程, 这是由物理世界的一些本质规律所决定的. 我们知道, 物理过程都是在不断发展演化的, 而在演化过程中某些物理量 (如能量等) 始终保持恒定. 从数学的角度看, 微分是描述变化最有效的工具, 而等式 (或方程) 则是描述守恒的直接手段. 因此, 微分方程很自然地成为了刻画在演化中蕴含守恒之物理机制的重要手段. 而当物理问题涉及多自变量因素时, 问题的刻画往往以多变元的偏微分方程形式呈现. 使用偏微分方程分析物理问题通常可以分三个步骤. 首先是建模, 即如何将一个物理问题用偏微分方程进行刻画; 其次是分析, 即如何运用数学工具对所得到的偏微分方程问题进行分析并求解; 最后是诠释, 即如何基于分析结果对该物理问题有一个更深刻全面的认识. 帮助读者养成上述 "源于物理、拓于数学、归于物理" 的全链条式思考习惯也是本书的写作目的之一. 此外, 为更有效地求解偏微分方程相关问题, 本书也将相应地介绍一些数学分析方法与工具. 这里需要指出的是, 基于求解数学物理方程而衍生出来的数学工具极其丰富, 有的甚至已演化成为一个独立的学科方向 (如泛函分析). 编者深感自身水平有限, 甚至难以找到特定术语对这些纷繁复杂的数学工具进行恰当的概括, 因此只能笼统地将其称为 "进阶分析工具". 这也是本书题目《数学物理方程与进阶分析工具》的由来. 限于篇幅及作者的知识水平, 本书仅能挑选编者认为重要的主题进行讨论.

本书数理方程部分将重点讨论波动、热传导及静电场这三类物理现象各自对应的偏微分方程, 以及相应的系列求解方法. 这是绝大部分面向本科生之数学物理方程教材的核心内容. 从内容编排上看, 现有的教材可以按逻辑脉络分为两类. 一类以建模–分析为主线, 即首先介绍各类具有重要物理意义的偏微分方程, 随后逐一介绍重要的求解方法. 这样的编排有利于提高读者对各种求解方法掌握之熟练程度. 这样的逻辑脉络在面向工科类本科生数理方法教材中是较为普遍的. 另一类则是以方程的类型为纲编写. 首先介绍波动方程的导出及相应的求解方法, 其次是热传导方程的相关内容, 之后是静电场对应方程、即泊松方程的相关内容. 实际上, 上述三类物理现象所对应的偏微分方程恰好是双曲型、抛物型、椭圆型二阶线性偏微分方程的典型代表. 这样的编排方式有助于明晰不同偏微分方程背后的数学结构. 类似编写方式更多为以数学为学科背景的编著者所采纳. 实际上, 深刻认识偏微分方程的数学结构更有利于把握物理问题的本质. 例如, 对流体力学问题使用中心差分离散格式进行数值模拟往往会导致数值振荡, 而对线弹性力学的模拟仿真则不存在上述问题. 其背后的一个关键原因是, 流体力学问题的控制方程通常是 (一阶) 双曲型的, 物理过程会沿着特定方向, 即特征线方向演化. 换言之, 流体力学问题具有 "上下游" 的特点, 这与中心差分假定差分点两边信息权重对称的基本设置相悖. 而作为广义椭圆型的线弹性力学方程组则没有特征线, 因此使用中心差分模拟就不会出现数值振荡的问题. 由此可见, 了解偏微分方程的数学结构将有助于读者面对新问题时做到举一反三, 选择恰当的分析计算方法. 因此, 本书将采用以方程分类为纲的编写方式, 旨在将物理现象与其对应偏微分方程之间的关联深化到数学结构的层面. 此外, 由于本书侧重于呈现数学工具的物理应用性, 因此将不会讨论与该侧重点关联性较弱且过于复杂的数学证明. 本书的前三章将分别介绍波动方程、热传导方程及泊松方程各自的物理问题建模、求解方法及相关诠释. 而第 4 章将对一般二阶线性偏微分方程进行分类讨论, 并对比上述三类方程在数学结构上的异同. 鉴于国内高校大部分数学物理方法类本科生课程都设定在 64 学时或以下的规模, 本书在篇幅上也有所控制, 因此进阶分析工具部分将只系统介绍贝塞尔函数的相关内容.

根据编者多年的学习及教学经验, 本科二年级及以下本科生学习数理方法类课程是很具有挑战性的. 这是由课程的内在规律所决定的. 首先, 课程要求学生可以熟练运用高等数学 (包括微积分、线性代数、常微分方程) 课程中介绍的各种数学工具. 另外, 课程所引入的部分概念与方法不仅理解起来抽象, 而且涉及复杂数学推导. 因此, 用 "且烦且难" 一词来描述数理方法类课程并不为过. 这样的课程特点自然地令一些同学因对其产生畏难情绪而无法翻越 "数理方法" 这座高山, 进而阻碍他们在后续课程中以更深刻的量化分析视角来吸收专业知识. 本书在编写过程中充分考虑到这一课程特点, 也采取了系列措施. 例如, 当一节内容中会深入涉及某些高等数学知识点时, 编者会在节后增加 "预备知识" 的内容, 力图用简明扼要的语言阐述该基础知识的关键特征, 激发读者对相关知识的回忆. 此外, 本书也会重点强调新知识与已有知识的类比, 以消除读者对新知识的陌生感. 例如, 在介绍贝塞尔函数的过程中, 本书将其各种性质与正余弦函数的相应性质进行类比, 希冀帮助读者更好地掌握系统地学习新函数的方法. 总而言之, 尽管数理方法课程的学习具有挑战性, 但它也创造了一个帮助读者整理并升级自己数学工具箱的契机. 本书也希望能帮助读者更好地把握上述契机, 从而打下扎实的量化分析功底.

这里我们再次强调, 数学物理方法这个题目本身的覆盖面极广. 广义上讲, 任何运用定量分析工具研究物理问题的实践都可以划归至数学物理方法的范畴. 本书仅选取其中最具代表性的内容展开蜻蜓点水式的讨论, 可以看作是一本入门级教材. 此外, 受编者知识水平的限制, 本书仍有诸多待改进之处, 还请读者多多包涵并欢迎指正.

在本书的编写过程中, 编者充分地参考了中外前辈及同行的相关高水平著作, 其中主要包括复旦大学谷超豪院士等编写的《数学物理方程》(第三版)、东南大学王元明教授编写的《工科数学–数学物理方程与特殊函数》(第三版)、北京大学吴崇试教授编写的《数学物理方法》(第二版)、英国牛津大学 John Ockendon 院士等编写的 *Applied Partial Differential Equations* 等. 此外, 本书的出版也得到各方面的大力支持. 在此特别感谢大连理工大学教务处及运载工程与力学学部在出版经费上的支持. 感谢大连理工大学工程力学系郭旭教授、杨春秋教授、闫军教授及郑勇刚教授在本书写作过程中的宝贵建议. 感谢薛丁川同学、罗静同学及向潜同学在本书成稿过程中的辛勤付出; 感谢周正成、马浩铭、矫君宁、马闯、李腾枭、徐康琪、仓铭培、项周逸、庄晓宇等同学在书稿校对过程中的积极参与. 最后, 要感谢我的家人一直以来对我工作的全力支持.

朱一超

2019 年 9 月

目　　录

前言

第一部分　数学物理方程之二阶线性偏微分方程

第 1 章　波动方程 …… 3
1.1　弦振动方程的导出与定解条件 …… 3
1.1.1　弦振动方程的导出 …… 3
1.1.2　定解条件 …… 7
1.1.3　偏微分方程分类概述 …… 8
1.2　弦振动方程柯西问题的求解 …… 9
1.2.1　达朗贝尔公式 …… 10
1.2.2　达朗贝尔公式的物理意义与特征线 …… 12
1.2.3　半无限长弦振动方程的求解 …… 14
1.2.4　齐次化原理 …… 18
1.3　分离变量法 …… 19
1.3.1　初边值问题的提法 …… 19
1.3.2　含齐次控制方程问题的分离变量法求解 …… 20
1.3.3　分离变量法解的物理意义 …… 25
1.3.4　非齐次方程初边值问题的求解 …… 26
1.4　高维波动方程 …… 28
1.4.1　薄膜振动方程的导出 …… 28
1.4.2　定解问题提法 …… 31
1.4.3　高维波动方程柯西问题的解及其基本性质 …… 32
1.5　波动方程解性质的讨论 …… 36
1.5.1　能量表达式 …… 36
1.5.2　波动方程解性质分析 …… 37
课后习题 …… 39
第 2 章　热传导方程 …… 44
2.1　热传导方程的导出与定解条件 …… 44
2.1.1　热传导方程的导出 …… 44

2.1.2 热传导方程的定解条件 ······ 46
2.1.3 扩散过程的数学描述 ······ 47
2.2 柯西问题的求解与积分变换法 ······ 48
2.2.1 卷积与傅里叶变换 ······ 48
2.2.2 热传导方程柯西问题的求解 ······ 50
2.2.3 柯西问题解性质分析 ······ 53
2.3 分离变量法 ······ 56
2.3.1 热传导方程初边值问题的分离变量法 ······ 56
2.3.2 施图姆-刘维尔型方程及其性质 ······ 61
2.3.3 齐次化原理 ······ 64
2.4 热传导方程解的性质 ······ 64
2.4.1 极值原理 ······ 65
2.4.2 热传导方程初边值问题的唯一性 ······ 66
2.4.3 热传导方程的稳定性 ······ 66
课后习题 ······ 67
第 3 章 泊松方程 ······ 70
3.1 泊松方程与调和方程 ······ 70
3.1.1 方程形式 ······ 70
3.1.2 物理背景 ······ 71
3.1.3 泊松方程的定解条件 ······ 74
3.2 变分原理 ······ 75
3.3 调和方程极坐标系表达与径向解 ······ 78
3.3.1 拉普拉斯算子极坐标系表达 ······ 78
3.3.2 调和方程的径向解 ······ 80
3.4 格林函数法 ······ 81
3.4.1 格林公式的应用 ······ 81
3.4.2 格林函数法求解泊松方程 ······ 84
3.4.3 格林函数的性质与讨论 ······ 85
3.5 静电源像法 ······ 86
3.5.1 三维半空间问题静电源像法 ······ 86
3.5.2 球域问题的静电源像法 ······ 88
3.6 狄拉克函数与基本解 ······ 90
3.6.1 狄拉克函数 ······ 90
3.6.2 线性偏微分方程的基本解 ······ 92
3.6.3 狄拉克函数与格林函数 ······ 93

3.7 定解问题的唯一性 …… 93
3.7.1 平均值公式 …… 94
3.7.2 极值原理与狄利克雷问题解的唯一性 …… 95
3.7.3 强极值原理与诺依曼型边值定解问题解的唯一性 …… 96
3.7.4 能量方法与泊松方程解的唯一性 …… 97
课后习题 …… 97
第 4 章 二阶线性偏微分方程的分类 …… 101
4.1 二阶线性偏微分方程的分类 …… 101
4.1.1 二阶偏微分方程的标准型 …… 101
4.1.2 二阶线性偏微分方程的分类总结 …… 106
4.1.3 多个自变量二阶线性偏微分方程的分类 …… 108
4.2 二阶线性偏微分方程的相关讨论 …… 113
课后习题 …… 118

第二部分 进阶分析工具之特殊函数

第 5 章 贝塞尔函数 …… 121
5.1 贝塞尔方程的导出与贝塞尔函数 …… 121
5.1.1 贝塞尔方程的导出 …… 121
5.1.2 第一类贝塞尔函数 …… 123
5.1.3 第二类贝塞尔函数 …… 126
5.2 贝塞尔函数的性质 …… 129
5.2.1 递推公式 …… 129
5.2.2 贝塞尔函数的零点 …… 131
5.2.3 近似公式 …… 132
5.2.4 由贝塞尔函数组成的完备正交系 …… 133
5.2.5 与正余弦函数性质类比 …… 136
5.3 利用贝塞尔函数求解偏微分方程 …… 138
课后习题 …… 145

第一部分

数学物理方程之
二阶线性偏微分方程

第1章 波动方程

本章将从一维弦振动问题入手, 推导刻画弦振动过程的偏微分方程, 并讨论其相关定解问题与求解方法. 我们将进一步考虑空间二维/三维波动方程的性质. 最后将讨论波动方程的数学结构与其物理过程的对应关系.

1.1 弦振动方程的导出与定解条件

1.1.1 弦振动方程的导出

本节我们将讨论弦振动过程的数学模型, 目的是给出弦上任何一点随时间演化过程的定量刻画. 具体说来, 考虑如图 1.1 所示一根初始长度为 L, 质量密度为 ρ 弦的振动过程. 这里首先对所研究问题进行符合物理规律的如下假设.

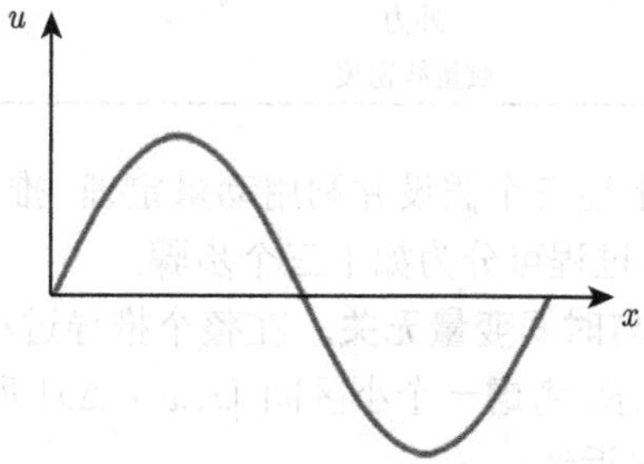

图 1.1 弦振动模型

(1) 弦的粗细远小于长度. 在数学上可描述为 $d \ll L$, 其中 d 为弦横截面直径. 如此, 该问题可看作一个空间一维问题. 如图 1.1 之设定, 令 x 轴与弦伸直的方向平行. 如此, 弦上任意一点均对应一个 $x \in [0, L]$.

(2) 弦上任意一点只沿垂直于 x 轴方向做垂向小变形运动. 这就意味着本问题的因变量只有一个, 即弦的垂向位移 u. 它是时间 t 与空间位置 x 的函数, 即 $u(x,t)$ 表示弦上 x 点所对应部分在 t 时刻的垂向位置. 这里所说的小变形是指弦上任意一点的位移远小于其长度. 从数学角度看, $\left|\dfrac{\partial u}{\partial x}\right|$ 是无穷小量, 我们可以忽略其高阶项

$$\left|\frac{\partial u}{\partial x}\right|^2 \approx 0. \tag{1.1}$$

值得指出的是, "小变形" 是一个相对的概念. 例如, 对于吉他弦而言, 厘米量级的位移已经不能看作是小变形; 而对于铁索桥的钢缆而言, 米数量级的位移依然可以看作是小变形, 因为钢缆长度可能在百米量级上.

(3) 弦抗拉不抗弯, 且其线张力与弦的局部伸长成正比. 若用 s 描述弦的弧长, T 表示线张力, 则有 $\Delta T \propto \Delta s$. 这里的线张力 T 应该是一个关于空间位置 x 和时间 t 的函数.

此外, 弦在振动过程还会受到外力 $F(x,t)$ 的影响, 这里 F 为线密度力, 其量纲为 "牛/米".

表 1.1 汇总了弦振动问题数学建模所涉及的物理量.

表 1.1　弦振动过程建模涉及的物理量

符号	物理意义	量纲
x	空间变量	米
t	时间变量	秒
$u(x,t)$	垂向位移	厘米
$s(x,t)$	到端点弧长	米
$T(x,t)$	线张力	牛
$F(x,t)$	外力	牛/米
ρ	质量线密度	千克/米

我们的目标是基于上述三个假设并利用动量定理, 推导出垂向位移 $u(x,t)$ 所满足的关系式. 具体推导过程可分为如下三个步骤.

(1) 证明线张力 T 与时间变量无关. 在整个推导过程中, 我们将反复运用微元法的思想. 如图 1.2 所示, 考虑一个小区间 $[x, x+\Delta x]$ 所对应的弦微段. 该微段的弧长可用割线的长度来近似:

$$\Delta s \approx \sqrt{1+\left(\frac{\partial u}{\partial x}\right)^2}\Delta x \approx \Delta x, \tag{1.2}$$

这里利用了 $\left(\dfrac{\partial u}{\partial x}\right)^2$ 为高阶无穷小量的假设. 这说明该微段的弧长在振动过程中与其初始长度保持一致. 再根据上述假设 (3), 可以进而证明该微段处的线张力不随时间改变. 最后, 利用微元选取的任意性, 可以证明, 弦上任何一点上承受的线张力 T 均在振动过程中不随时间而改变.

(2) 证明线张力 T 与空间变量无关. 由上述假设 (2) 可知, 弦上每个微段在振动过程中都无沿水平方向的位移, 即该微段中在 x 方向上时刻保持力学平衡. 如图 1.2 所示, 我们首先引入 $\theta(x)$ 来表示 x 位置处弦的切线与 x 轴的夹角, 则弦微段在

水平方向上平衡关系可由

$$T(x)\cos[\theta(x)] = T(x+\Delta x)\cos[\theta(x+\Delta x)]$$

给出.

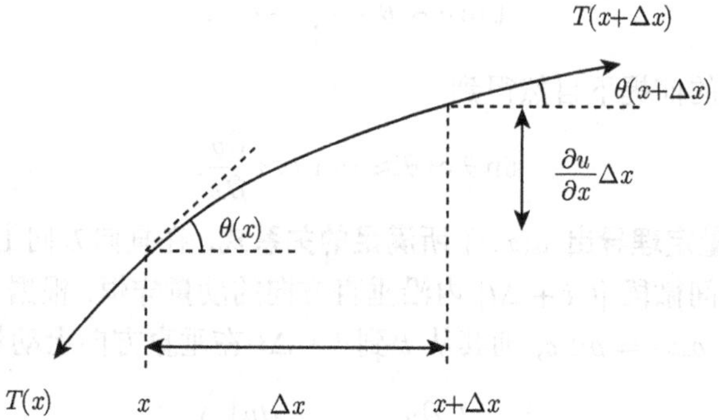

图 1.2　微元体示意图

在本书中, 为表达简化的需要, 我们在某个变量后加竖线以及下标, 表示该变量在下标所对应的自变量处取值. 例如在上式中, 可引入 $T|_x = T(x)$ 等, 于是上式可改写为

$$T|_x \cos\theta|_x = T|_{x+\Delta x}\cos\theta|_{x+\Delta x}. \tag{1.3}$$

根据微积分的知识, $\theta(x)$ 与位移 u 满足下列关系：

$$\tan[\theta(x)] = \frac{\partial u}{\partial x} \ll 1,$$

即 $\tan[\theta(x)]$ 也是无穷小量. 由三角函数关系, 有

$$\cos\theta = (1+\tan^2\theta)^{-\frac{1}{2}} = \left[1+\left(\frac{\partial u}{\partial x}\right)^2\right]^{-\frac{1}{2}} \approx 1, \tag{1.4}$$

这里再次用到 u 一阶空间偏导数的平方为高阶无穷小的假设. 将 (1.4) 式代入 (1.3) 式中, 有 $T|_x = T|_{x+\Delta x}$. 再由微段选取的任意性, 可知弦上任意一点上所对应的线张力均相同. 由此可知, 弦在小变形振动过程中, 其内部线张力保持一致且不随时间变化.

在上述讨论中可能存在这样的疑惑. 既然已经将 $\cos\theta$ 近似为 1, 那么 $\sin\theta$ 为什么不是近似为 0 呢？这是因为我们是考虑忽略二阶以上小量的近似, 即相应的

“误差” 是二阶的. 这一点可以从三角函数在 $\theta=0$ 附近的泰勒展开看到:

$$\sin\theta\sim\theta-\frac{\theta^3}{6}+\cdots,$$
$$\cos\theta\sim 1-\frac{\theta^2}{2}+\cdots,$$
$$\tan\theta\sim\theta+\frac{\theta^3}{3}+\cdots.$$

在忽略二阶小量的前提下自然得到

$$\sin\theta\approx\theta\approx\tan\theta\approx\frac{\partial u}{\partial x}. \tag{1.5}$$

(3) 基于动量定理导出 $u(x,t)$ 所满足的关系式. 在垂向方向上考虑 $[x,x+\Delta x]$ 所对应微段在时间微段 $[t,t+\Delta t]$ 内沿垂直方向的动量守恒. 根据 (1.2) 式, 所考察弦微段的质量为 $\rho\Delta s=\rho\Delta x$, 则其从 t 到 $t+\Delta t$ 在垂直方向上动量变化为

$$\rho\Delta x\left(\left.\frac{\partial u}{\partial t}\right|_{t+\Delta t}-\left.\frac{\partial u}{\partial t}\right|_{t}\right).$$

为方便表达, 我们再次引入新记号: 用变量 + 竖线 + 上下标的符号来表示该变量在上标处的取值减去在下标处的取值. 如上式可改写为

$$\rho\Delta x\left.\frac{\partial u}{\partial t}\right|_{t}^{t+\Delta t}=\rho\Delta x\left(\left.\frac{\partial u}{\partial t}\right|_{t+\Delta t}-\left.\frac{\partial u}{\partial t}\right|_{t}\right). \tag{1.6}$$

接下来考虑该弦微段在时间微元 $[t,t+\Delta t]$ 内的冲量, 即其垂向总受力与 Δt 的乘积. 弦微段的垂向运动受到两部分力的影响. 第一部分是线张力, 如图 1.2 所示, 弦微段沿垂直方向的总线张力为 $T\sin\theta\,|_{x+\Delta x}-T\sin\theta\,|_{x}$. 此外, 弦微段还受到外力 $F\Delta x$ 的影响. 因此, 弦微段在 $[t,t+\Delta t]$ 内的冲量可表示为

$$\left(T\sin\theta|_{x}^{x+\Delta x}+F\Delta x\right)\Delta t=\left(T\left.\frac{\partial u}{\partial x}\right|_{x}^{x+\Delta x}+F\Delta x\right)\Delta t, \tag{1.7}$$

其中利用了 (1.5) 式的结论.

根据动量定理, 微段在时间微元 $[t,t+\Delta t]$ 内垂向动量的变化应该等于垂向冲量. 将 (1.6) 式与 (1.7) 式联立有

$$\rho\Delta x\left.\frac{\partial u}{\partial t}\right|_{t}^{t+\Delta t}=T\left.\frac{\partial u}{\partial x}\right|_{x}^{x+\Delta x}\Delta t+F\Delta x\Delta t.$$

将上式两边同除以 $\rho\Delta x\Delta t$ 可得

$$\frac{1}{\Delta t}\left(\left.\frac{\partial u}{\partial t}\right|_{t}^{t+\Delta t}\right)=\frac{T}{\rho}\cdot\frac{1}{\Delta x}\left.\frac{\partial u}{\partial x}\right|_{x}^{x+\Delta x}+\frac{F}{\rho}. \tag{1.8}$$

令 Δx 与 Δt 趋向于 0 有

$$\lim_{\Delta t\to 0}\frac{1}{\Delta t}\left(\frac{\partial u}{\partial t}\bigg|_t^{t+\Delta t}\right)=\frac{\partial^2 u}{\partial t^2},\quad \lim_{\Delta x\to 0}\frac{1}{\Delta x}\left(\frac{\partial u}{\partial x}\bigg|_x^{x+\Delta x}\right)=\frac{\partial^2 u}{\partial x^2}.$$

于是 (1.8) 式的极限形式可表达为

$$\frac{\partial^2 u}{\partial t^2}=\frac{T}{\rho}\frac{\partial^2 u}{\partial x^2}+\frac{F(x,t)}{\rho}. \tag{1.9}$$

若引入 $a^2=\dfrac{T}{\rho}$, $f=\dfrac{F}{\rho}$, 有

$$\frac{\partial^2 u}{\partial t^2}-a^2\frac{\partial^2 u}{\partial x^2}=f(x,t). \tag{1.10}$$

这里 (1.10) 式中 a 的量纲为 "米/秒", 后面将证明 a 实际上对应于波的传播速度; f 的量纲为 "牛/千克", 其物理意义是单位质量所受的外力.

(1.10) 式可用于刻画弦在小变形振动过程中其垂向位移 $u(x,t)$ 所满足的数学表达式. 它具有方程的特征, 其未知量是一个二元函数 $u(x,t)$, 而我们通过其偏导数来构建等式, 因此 (1.10) 式被称为一个*偏微分方程*(partial differential equation). 我们也把它称为弦小变形振动的*控制方程*(governing equation). 根据其物理背景, (1.10) 式也被称为*弦振动方程*(string vibrating equation).

1.1.2 定解条件

与常微分方程类似, 偏微分方程一般也需要额外添加条件以将其描述的物理过程完全确定. 所添加的条件也称为定解条件. 我们将物理过程的控制方程及所对应的定解条件统称为一个*问题*(problem). 从物理视角看, 若要确定弦振动问题的演化过程, 需要知道弦的初始状态, 以及系统在弦的两端点处与外界的信息交换. 对应地, 我们将定解条件分为两类: *初始条件* (initial condition) 和*边界条件* (boundary condition).

初始条件对应 $t=0$ 时系统的状态. 对于弦振动问题, 需要知道弦在 $t=0$ 时的形貌, 以及其上每一点的初速度:

$$u\,\big|_{t=0}=\phi(x); \tag{1.11a}$$

$$\frac{\partial u}{\partial t}\bigg|_{t=0}=\psi(x), \tag{1.11b}$$

其中, $\phi(x)$ 和 $\psi(x)$ 分别是关于空间变量 x 具有一定光滑性的函数. 值得指出的是, 初始条件中的函数不再与时间有关.

当弦长无限且无端点时, 即 $x \in (-\infty, \infty)$, 我们称所对应的定解问题为**柯西问题**(Cauchy problem). 弦振动方程的柯西问题只需要初始条件 (1.11a) 式和 (1.11b) 式作为其定解条件.

当弦含有端点时, 如弦为有限长度 $x \in (a, b)$, 我们还需要考虑弦在端点如 $x = a$ 处外界环境对弦振动的影响. 这时除了初始条件, 还需要给出相应的边界条件. 边界条件一般有三类基于物理视角的提法.

第一类是控制弦端点处的位移, 即

$$u|_{x=a} = g_1(t), \tag{1.12a}$$

称为**狄利克雷**(Dirichlet) 型边界条件, 或第一类边界条件. 特别地, 当上式右端项 $g_1(t)$ 为常数时, 弦的端点固定, 称为**固值**(fixed value) 边界条件.

第二类边界条件的提法是基于弦端点处的斜率, 即

$$\left.\frac{\partial u}{\partial x}\right|_{x=a} = g_2(t), \tag{1.12b}$$

称为**诺依曼**(Neumann) 型边界条件, 或第二类边界条件. 由前面推导可知, 上式左端项乘以线张力 T 表示其垂向张力分量, 因此诺依曼边界条件可以通过控制弦在端点处的垂向力得到. 特别地, 当 $g_2(t) = 0$ 时, 弦在端点处不再有垂向作用力.

第三类边界条件可以看作是前两类边界条件的线性组合, 即

$$\left.\left(ku + T\frac{\partial u}{\partial x}\right)\right|_{x=a} = g_3(t), \tag{1.12c}$$

我们称为**罗宾**(Robin) 型边界条件, 或第三类边界条件. 罗宾边界条件的物理意义可以参考弦的端点固定在一垂向弹簧上的情形. 弹性系数为 k 的弹簧对端点的弹力为 $-ku$, 而根据前面讨论可知, 弦在右端点处所产生的垂向力满足 $-T\dfrac{\partial u}{\partial x}$. 它们的合力共同影响弦在端点处的加速度 $-g_3(x)$. 特别地, 若考虑弦左端点处的罗宾边界条件时, (1.12c) 式中 $T\dfrac{\partial u}{\partial x}$ 项前面应该取负号. 值得指出的是, 罗宾边界条件实际上包含了前两类边界条件: 当 $T = 0$ 时, (1.12c) 式退化为狄利克雷型边界条件; 当 $k = 0$ 时, (1.12c) 式退化为诺依曼型边界条件.

1.1.3　偏微分方程分类概述

我们简要讨论如何对偏微分方程进行分类. 首先, 为方便后续讨论, 我们通过给因变量加自变量下标的方式来表示该因变量关于该自变量的各阶偏导数. 例如, $u_t = \dfrac{\partial u}{\partial t}$, $u_{xx} = \dfrac{\partial^2 u}{\partial x^2}$. 于是弦振动方程 (1.10) 可表达为

$$u_{tt} - a^2 u_{xx} = f(x, t). \tag{1.13}$$

我们再引入记号 $\mathcal{L}[u]=u_{tt}-a^2u_{xx}$, 则 (1.13) 式可以写成

$$\mathcal{L}[u]=f. \tag{1.14}$$

实际上, 一般的偏微分方程都可以写成 (1.14) 式的形式. 左端项 $\mathcal{L}[u]$ 是关于未知函数 u 的操作, 称为一个关于 u 的*算子*(operator), 右端项为已知函数. 偏微分方程的*阶数*(order) 由 $\mathcal{L}[u]$ 中关于 u 的最高阶偏导数的阶数来决定. 例如, 弦振动方程 (1.13) 是一个*二阶*(second-order) 偏微分方程, 因为其最高阶偏导数为二阶.

如果算子 $\mathcal{L}$ 关于未知函数 u 是线性的, 即对于满足一定光滑性的函数 u_1 和 u_2, 以及两个任意实数 α 和 β, $\mathcal{L}[\alpha u_1+\beta u_2]=\alpha\mathcal{L}[u_1]+\beta\mathcal{L}[u_2]$ 恒成立, 则称偏微分方程 (1.14) 为一个*线性偏微分方程*(linear partial differential equation). 若算子 $\mathcal{L}$ 不满足上述的线性关系, 其所对应的方程称为*非线性偏微分方程*(non-linear partial differential equation). 据此判据, 弦振动方程 (1.13) 是一个线性偏微分方程. 通常来讲, 针对线性微分方程的分析工具较非线性方程要丰富. 例如, 我们知道, 线性常微分方程的一个特征是具有叠加性. 对于复杂的情况, 可以通过将原问题分解成几个相对简单问题的叠加, 从而完成对问题的求解. 而线性偏微分方程也有类似特征.

对于具有 (1.14) 通式形式的一个线性偏微分方程方程, 若 $f\equiv 0$, 则称该方程是*齐次的*(homogeneous). 此时弦不受外力 f 的影响, 对应的振动过程称为*自由振动*(free vibration) 过程. 反之, 若 $f\neq 0$, 称所对应的方程为*非齐次*(inhomogeneous) 方程. 此时弦发生*受迫振动*(forced vibration). 我们已经在常微分方程理论中知道, 一个非齐次线性方程的解可以通过满足其对应齐次方程的通解与一个特解叠加而成. 类似的原理也可以用于非齐次线性偏微分方程. 同样地, 也可以定义齐次初边值条件. 若 (1.11a) 式 $\sim$ (1.12c) 式的右端项为零, 我们称对应的初边值条件为齐次的.

1.2 弦振动方程柯西问题的求解

本节讨论弦振动方程柯西问题的求解. 如 1.1 节讨论, 弦振动方程的柯西问题有如下表述

$$\begin{cases} u_{tt}-a^2u_{xx}=f(x,t), \quad (x,t)\in\mathbb{R}\times\mathbb{R}^+; \\ u|_{t=0}=\phi(x), \quad u_t|_{t=0}=\psi(x). \end{cases} \tag{1.15}$$

(1.15) 式给出了表述偏微分方程定解问题的一个范式. 第一行首先给出弦振动过程的控制方程, 即 1.1 节的 (1.10) 式. 第一行的后半部分表明控制方程自变量的取值范围, 这里使用了笛卡儿积的形式, 等价于 $x\in(-\infty,\infty)$, $t>0$. (1.15) 式的第

二行以后给出控制方程的定解条件. 对于弦振动方程柯西问题, 我们只需要提初始位移和初速度两个初始条件, 而不需要提边界条件.

问题 (1.15) 由一个非齐次线性偏微分方程和两个非齐次初始条件组成. 容易验证, 问题 (1.15) 可等价于两个偏微分方程柯西问题的叠加, 即问题 (1.15) 的解 u 可以分解为 $u = v + w$, 其中 v 和 w 分别满足

$$(\mathrm{I})\quad \begin{cases} v_{tt} - a^2 v_{xx} = 0, & (x,t) \in \mathbb{R} \times \mathbb{R}^+; \\ v|_{t=0} = \phi(x), & v_t|_{t=0} = \psi(x) \end{cases} \tag{1.16}$$

和

$$(\mathrm{II})\quad \begin{cases} w_{tt} - a^2 w_{xx} = f(x,t), & (x,t) \in \mathbb{R} \times \mathbb{R}^+; \\ w|_{t=0} = 0, & w_t|_{t=0} = 0. \end{cases} \tag{1.17}$$

利用上述分解, 我们将控制方程与初始条件均为非齐次的原问题 (1.15) 转化为 (Ⅰ) 控制方程齐次而初始条件非齐次的柯西问题和 (Ⅱ) 控制方程非齐次但初始条件齐次的柯西问题的叠加.

1.2.1 达朗贝尔公式

首先考虑求解问题 (Ⅰ). 这里我们的基本思想是自变量代换, 即寻找一组新的自变量, 使得在新自变量所确定的坐标系下的方程形式更易于求解. 考虑以下自变量代换:

$$\xi = x - at, \quad \eta = x + at. \tag{1.18}$$

基于偏导数链式法则, 未知函数 v 关于原时空自变量 x 和 t 的偏导数可以由 v 关于 ξ 和 η 的偏导数表示:

$$v_x = v_\xi \xi_x + v_\eta \eta_x = v_\xi + v_\eta.$$

对上式两边同时关于 x 再求偏导并利用链式法则得

$$v_{xx} = (v_\xi + v_\eta)_x = v_{\xi\xi}\xi_x + v_{\xi\eta}\eta_x + v_{\xi\eta}\xi_x + v_{\eta\eta}\eta_x = v_{\xi\xi} + 2v_{\xi\eta} + v_{\eta\eta}. \tag{1.19}$$

同理, (1.16) 式中的 v_{tt} 可表示为

$$v_{tt} = a^2\left(v_{\xi\xi} - 2v_{\xi\eta} + v_{\eta\eta}\right). \tag{1.20}$$

将 (1.19) 式与 (1.20) 式代入问题 (1.16) 式中的控制方程可得

$$v_{\xi\eta} = 0. \tag{1.21}$$

可以看到, 当以 ξ 和 η 作为自变量时, 控制方程的形式大大化简, 从而可直接求解. 根据 (1.21) 式可知, v 可以写成一个以 ξ 为自变量的函数与一个以 η 为自变量的函数之和的形式:

$$v = F(\xi) + G(\eta). \tag{1.22}$$

再将 (1.18) 式代入 (1.22) 式得到满足问题 (1.16) 中控制方程的一般表达式

$$v(x,t) = F(x-at) + G(x+at). \tag{1.23}$$

为确定函数 F 和 G 的具体表达形式, 我们要代入问题 (1.16) 中的初始条件. 令 (1.23) 式中 $t=0$, 并代入初始条件有

$$F(x) + G(x) = \phi(x), \tag{1.24a}$$

$$-aF'(x) + aG'(x) = \psi(x). \tag{1.24b}$$

对 (1.24b) 式两边关于 x 积分有

$$-aF(x) + aG(x) = \int_{x_0}^{x} \psi(\alpha)\mathrm{d}\alpha + C, \tag{1.25}$$

其中, C 是积分常数, 与 x_0 的选取有关.

将 (1.24a) 式和 (1.25) 式联立得到

$$F(x) = \frac{\phi(x)}{2} - \frac{1}{2a}\int_{x_0}^{x} \psi(\alpha)\mathrm{d}\alpha - \frac{C}{2a}.$$

$$G(x) = \frac{\phi(x)}{2} + \frac{1}{2a}\int_{x_0}^{x} \psi(\alpha)\mathrm{d}\alpha + \frac{C}{2a};$$

将上述 F 和 G 的表达式中的自变量分别换成 $x-at$ 和 $x+at$ 并代入 (1.23) 式, 得到问题 (1.16) 解的表达式为

$$v(x,t) = \frac{1}{2}\left[\phi(x-at) + \phi(x+at)\right] + \frac{1}{2a}\int_{x-at}^{x+at} \psi(\alpha)\mathrm{d}\alpha. \tag{1.26}$$

式 (1.26) 被称为**达朗贝尔公式** (d′Alembert's formula).

严格意义上讲, 我们还需要验证达朗贝尔公式 (1.26) 确实是问题 (1.16) 的解. 首先验证其满足控制方程. 对 (1.26) 式两边关于 t 求偏导得

$$v_t = \frac{a}{2}\left[-\phi'(x-at) + \phi'(x+at)\right] + \frac{1}{2}\left[\psi(x-at) + \psi(x+at)\right],$$

其中, 含参变量积分的求导可以参考本节预备知识的 (1.44) 式. 对上式再关于 t 求偏导有

$$v_{tt} = \frac{a^2}{2}\left[\phi''(x-at) + \phi''(x+at)\right] + \frac{a}{2}\left[-\psi'(x-at) + \psi'(x+at)\right].$$

同理有

$$v_{xx} = \frac{1}{2}\left[\phi''(x-at)+\phi''(x+at)\right] + \frac{1}{2a}\left[-\psi'(x-at)+\psi'(x+at)\right].$$

由此可验证 $v_{tt} - a^2 v_{xx} = 0$, 即达朗贝尔公式满足问题 (1.16) 的控制方程. 同样还需要验证 (1.26) 式还满足问题 (1.16) 中的两个初始条件. 这一点也可以直接验证.

1.2.2 达朗贝尔公式的物理意义与特征线

为考察达朗贝尔公式对应的物理意义, 先考察以下弦振动方程的柯西问题:

$$\begin{cases} v_{tt} - a^2 v_{xx} = 0, & (x,t) \in \mathbb{R} \times \mathbb{R}^+; \\ v|_{t=0} = \cos x, & v_t|_{t=0} = 0. \end{cases}$$

将上述初始条件代入达朗贝尔公式 $[\phi(x) = \cos x, \psi(x) = 0]$, 有

$$v(x,t) = \frac{1}{2}\left[\cos(x-at) + \cos(x+at)\right]. \tag{1.27}$$

这表明, 若无限长弦的初始状态为静止的余弦波, 该弦在不受外力作用下的振动过程可以看作一个向右以速度 a 传播的余弦波 $v_1 = \frac{1}{2}\cos(x-at)$ 和一个向左以速度 a 传播的余弦波 $v_2 = \frac{1}{2}\cos(x+at)$ 的叠加.

图 1.3 给出了右传播波 $v_1(x,t)$ 在 x-t 平面内的等势图, 其中颜色相同的区域表示 v_1 的取值相同. 可以观察到, 右传播波 $v_1(x,t)$ 的一个特点是, 其函数值沿着斜率为 $\frac{1}{a}$ 的直线上保持不变, 即对于任意参数 C, v 的值在由 $x - at = C$ 确定的参数曲线上为常数.

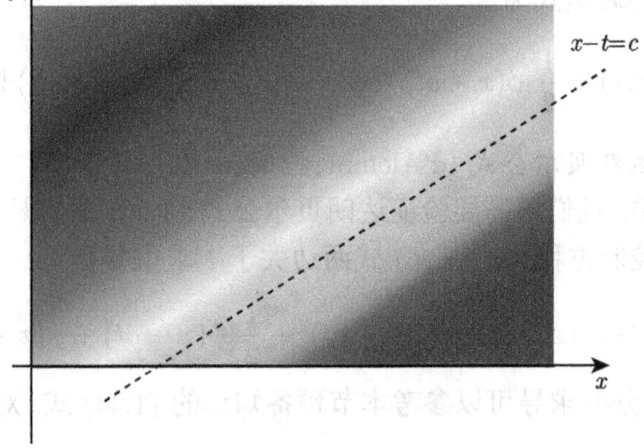

图 1.3 $v_1(x,t)$ 在 x-t 的热力图, 其中 $a = 1$

对比 (1.23) 式, 我们发现一维齐次弦振动方程的通解也可以看作由两列相互独立波叠加而成. 一列为右传播波 $v_1 = F(x-at)$; 另一列为左传播波 $v_2 = G(x+at)$. 类似上例, 右传播波 $v_1 = F(x-at)$ 同样对应着 x-t 平面内的一簇由参数 C 控制的参数曲线 $x - at = C$. 沿其上任意一条直线, 都有 $v_1 = F(x-at) = F(C)$. 这表明初始时刻在 $x = x_0$ 处的信息 $F(x_0)$, 在 t 时刻后移到了 $x = x_0 + at$ 处, 即波以恒定速度 a 向右传播. 类似的, $v_2 = G(x+at)$ 描述的是一列以恒定速度 a 向左传播的波. 信息匀速双向传播是弦振动方程的一个重要物理特征.

通过上述讨论, 我们发现, 两簇参数曲线 $x \pm at = C$, 其中 C 为参数, 对分析弦振动问题具有重要意义. 它们称为弦振动方程的两簇**特征线**(characteristics). 实际上, 特征线理论适用于分析类似波动方程等刻画信息有限传播的偏微分方程. 它们蕴含着信息传播速度、方向等关键信息. 特征线理论我们将在 4.1 节中继续讨论.

特别地, 当弦无初速度, 即 $\psi(x) = 0$ 时, 可以发现 $F(x-at) = \dfrac{1}{2}\phi(x-at)$, $G(x+at) = \dfrac{1}{2}\phi(x+at)$. 这说明此时初始信号可以看作两个完全相同信号的叠加. 在随后的振动过程中, 其中一列信号无损失地向右传播, 另一列则无损失地向左传播.

接下来考察初始状态对弦振动过程的影响, 从而进一步揭示达朗贝尔公式所反应的物理特征. 根据 (1.26) 式, 对于初始时刻 $x = x_0$ 处的信息, 在 t 时刻其最远可传播到 $x_0 \pm at$. 这就说明, 时空中任意一点 (x,t) 处的函数值可以由区间 $[x-at, x+at]$ 内的初始状态完全确定. 因此, 称区间 $[x-at, x+at]$ 为 (x,t) 的**依赖区域**(domain of dependence), 如图 1.4(a) 所示. 而对于给定 $[x_1, x_2]$ 区间上初始时刻的信息, 可以完全确定图 1.4(b) 中阴影三角形内任一点的函数值. 该区域称为区间 $[x_1, x_2]$ 的**决定区域**(domain of determinacy). 此外, 对于给定 $[x_1, x_2]$ 区间上初始时刻的函数值, 根据弦振动方程有限波速传播的特点, 可以画出其能影响到的最大区域, 如图 1.4(c) 中阴影部分所示. 该区域称为区间 $[x_1, x_2]$ 的**影响区域**(domain of influence).

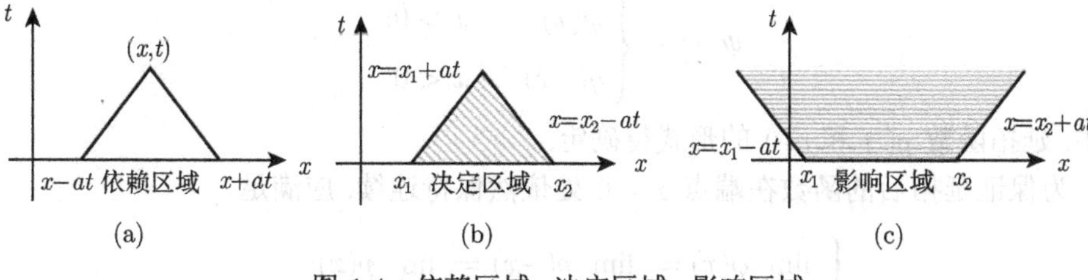

图 1.4 依赖区域、决定区域、影响区域

1.2.3　半无限长弦振动方程的求解

现考虑半无限长弦的振动问题. 如图 1.5 所示, 半无限长的弦对应空间位置 $x \in (0, \infty)$. 相对于无限长弦的振动问题 (1.16), 半无限长弦振动问题的定解问题需要在端点 $x = 0$ 处增加一个边界条件. 如图 1.5 所示, 我们要求弦在端点处的切线始终保持水平, 即 $u_x|_{x=0} = 0$. 物理上它对应的是边界不受外力时的振动情形, 即自由振动的边界条件.

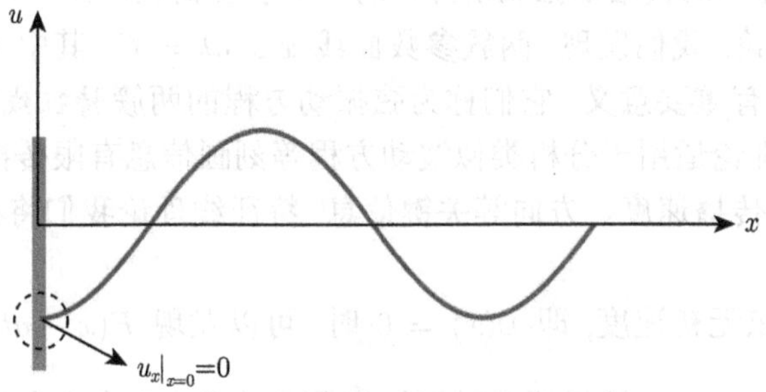

图 1.5　一种半无限长弦振动情况的示意图

考虑如下半空间内弦振动方程定解问题:

$$\begin{cases} u_{tt} - a^2 u_{xx} = 0, \quad (x,t) \in \mathbb{R}^+ \times \mathbb{R}^+; \\ u|_{t=0} = \phi(x), \quad u_t|_{t=0} = \psi(x); \\ u_x|_{x=0} = 0. \end{cases} \tag{1.28}$$

问题 (1.28) 的求解思路是将其转化为具有问题 (1.16) 的形式, 从而可以利用达朗贝尔公式进行求解. 此时一个自然的想法就是能否将问题 (1.28) 中的定义域 $x \in \mathbb{R}^+$ 延拓为整个实数空间 $\mathbb{R}$. 沿此思路, 假设问题 (1.28) 初始条件具有如下的延拓形式:

$$\varPhi(x) = \begin{cases} \phi(x), & x > 0; \\ p(-x), & x < 0, \end{cases}$$

$$\varPsi(x) = \begin{cases} \psi(x), & x > 0; \\ q(-x), & x < 0, \end{cases}$$

其中, 延拓函数 $p(\cdot)$ 和 $q(\cdot)$ 的形式待确定.

为保证延拓后的函数在端点 $x = 0$ 处依然保持连续, 应满足

$$\begin{cases} \lim\limits_{x \to 0^+} \phi(x) = \lim\limits_{x \to 0^-} p(-x) = \lim\limits_{x \to 0^+} p(x); \\ \lim\limits_{x \to 0^+} \psi(x) = \lim\limits_{x \to 0^-} q(-x) = \lim\limits_{x \to 0^+} q(x). \end{cases} \tag{1.29}$$

实际上, 若要保证延拓后函数在端点处具有充分的光滑性, 应有

$$\begin{cases}\lim\limits_{x\to0^+}\phi^{(n)}(x)=(-1)^n\lim\limits_{x\to0^-}p^{(n)}(-x)=(-1)^n\lim\limits_{x\to0^+}p^{(n)}(x);\\ \lim\limits_{x\to0^+}\psi^{(n)}(x)=(-1)^n\lim\limits_{x\to0^-}q^{(n)}(-x)=(-1)^n\lim\limits_{x\to0^+}q^{(n)}(x),\end{cases}\tag{1.30}$$

其中, $f^{(n)}(x)$ 表示 $f(x)$ 关于 x 的 n 次导数.

此时 $\Phi(x)$ 和 $\Psi(x)$ 的定义域为 $\mathbb{R}$, 我们考虑如下以 $U(x,t)$ 为未知函数的柯西问题:

$$\begin{cases}U_{tt}-a^2U_{xx}=0,\quad (x,t)\in\mathbb{R}\times\mathbb{R}^+;\\ U|_{t=0}=\Phi(x),\quad U_t|_{t=0}=\Psi(x).\end{cases}\tag{1.31}$$

当我们求得 $U(x,t)$ 的表达式后, 只需取其 $x>0$ 部分就可得到问题 (1.28) 的解, 即 $u(x,t)=U|_{x>0}$.

基于达朗贝尔公式 (1.26) 有

$$U(x,t)=\frac{1}{2}[\Phi(x-at)+\Phi(x+at)]+\frac{1}{2a}\int_{x-at}^{x+at}\Psi(\alpha)\mathrm{d}\alpha.\tag{1.32}$$

需要注意的是, Φ 和 Ψ 均为分段函数. 因此需要根据 $x\pm at$ 的符号来确定 (1.32) 式的具体表达式.

当 $x>at$ 时, $x\pm at$ 均取正值. 于是 (1.32) 式中的 $\Phi(\cdot)$ 和 $\Psi(\cdot)$ 可分别用 $\phi(\cdot)$ 和 $\psi(\cdot)$ 直接替换.

当 $x<at$ 时, 着重考虑 $0<x<at$ 的情形. 此时

$$\Phi(x+at)=\phi(x+at);$$

$$\Phi(x-at)=p(at-x);$$

$$\int_{x-at}^{x+at}\Psi(\alpha)\,\mathrm{d}\alpha=\int_0^{x+at}\psi(\alpha)\mathrm{d}\alpha+\int_{x-at}^0 q(-\alpha)\mathrm{d}\alpha.$$

根据微积分知识, 可以对上式中对 $q(-\alpha)$ 的积分进行改写. 令 $s=-\alpha$, 整理后有

$$\int_{x-at}^0 q(-\alpha)\,\mathrm{d}\alpha=\int_0^{at-x}q(s)\,\mathrm{d}s.$$

将上述讨论结果代入 (1.32) 式有

$$U(x,t)=\begin{cases}\dfrac{\phi(x-at)+\phi(x+at)}{2}+\dfrac{1}{2a}\displaystyle\int_{x-at}^{x+at}\psi(\alpha)\mathrm{d}\alpha,\quad x>at;\\ \dfrac{p(at-x)+\phi(x+at)}{2}\\ +\dfrac{1}{2a}\left(\displaystyle\int_0^{x+at}\psi(\alpha)\mathrm{d}\alpha+\int_0^{at-x}q(\alpha)\mathrm{d}\alpha\right),\quad 0<x<at.\end{cases}\tag{1.33}$$

此时, 还需利用问题 (1.28) 中的边界条件 $u_x|_{x=0}=0$ 来确定 $p(x)$ 和 $q(x)$ 的具体形式. 由于所关注的是 $U(x,t)$ 在 $x=0$ 处的空间偏导数值, 我们主要考虑 (1.32) 式中 $x\in(0,at)$ 的情形. 对其关于 x 求偏导有

$$U_x=\frac{1}{2}\left[-p'(at-x)+\phi'(at+x)\right]+\frac{1}{2a}\left[-q(at-x)+\psi(at+x)\right].$$

代入问题 (1.28) 的边界条件可得

$$U_x|_{x=0}=\frac{1}{2}\left[-p'(at)+\phi'(at)\right]+\frac{1}{2a}\left[-q(at)+\psi(at)\right]=0.$$

由于上式对于任意时间 t 均成立, 我们要求

$$p'(s)=\phi'(s),\ q(s)=\psi(s).$$

对第一式关于 s 积分得

$$p(s)=\phi(s)+C,$$

其中 C 为常数. 再利用连续性条件 (1.29) 可得 $C=0$. 这说明需要

$$p(s)=\phi(s),\quad q(s)=\psi(s), \tag{1.34}$$

从而保证 (1.32) 式满足问题 (1.28) 中的自由边界条件. 这就说明, 对于无初速度情形下的齐次诺依曼型边界条件 ($u_x|_{x=0}=0$) 所对应的弦振动问题, 只需对初始条件进行偶延拓即可利用达朗贝尔公式求解.

将上述 (1.34) 式代入 (1.33) 式, 则问题 (1.28) 的解 u 可表达为

$$u(x,t)=\begin{cases}\dfrac{\phi(x-at)+\phi(x+at)}{2}+\dfrac{1}{2a}\displaystyle\int_{x-at}^{x+at}\psi(\alpha)\mathrm{d}\alpha, & x>at;\\ \dfrac{\phi(at-x)+\phi(x+at)}{2} & \\ +\dfrac{1}{2a}\left(\displaystyle\int_0^{x+at}\psi(\alpha)\mathrm{d}\alpha+\int_0^{at-x}\psi(\alpha)\mathrm{d}\alpha\right), & 0<x<at.\end{cases} \tag{1.35}$$

基于特征线的思想, 接下来分析 (1.35) 式所反应的物理特征. 注意到, (1.35) 式是一个以 $x=at$ 为边界的分段函数. 对应如图 1.6 所示, 虚线 $x-at=0$ 将 x-t 平面分为了两个区域, 分别标定为区域 I ($x>at$) 和区域 II ($0<x<at$).

为直观起见, 令 (1.35) 式中的 $\psi(\alpha)=0$. 于是

$$u(x,t)=\begin{cases}\dfrac{1}{2}\left[\phi(x-at)+\phi(x+at)\right], & x>at;\\ \dfrac{1}{2}\left[\phi(at-x)+\phi(x+at)\right], & 0<x<at;\end{cases} \tag{1.36}$$

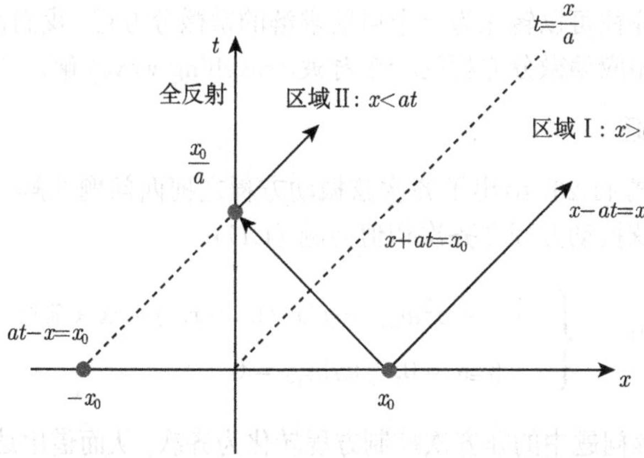

图 1.6 解 (1.35) 式在 x-t 平面的区域划分与波传播行为分析

根据 1.2.2 小节的讨论, (1.36) 式在两个区域内均可看作是两个反向匀速波的叠加. 然而此处, 我们有两点进一步的观察.

在区域 I 内, (1.36) 式给出 u 的表达式与柯西问题的达朗贝尔公式 (1.26) 中 $\psi=0$ 的情形完全一致. 因此, 在初始时刻 $x=x_0$ 处的信息是以速度 a 匀速向两边传播. 如图 1.6 所示, 其中右传播波在区域 I 内对应的特征线 $x-at=x_0$ 始终与区域边界 $x=at$ 平行, 因此, 区域 I 内的右传播波不会进入区域 II. 而相应的左传播波会在 $t=\dfrac{x_0}{2a}$ 时刻穿过边界进入区域 II.

而对应于区域 II, 由于其不包含任何初始区域 ($t=0$), 因此其内部的波必然源自区域 I. 实际上, 如图 1.6 所示, 区域 II 内的左传播波是区域 I 内左传播波的自然延伸. 根据特征线理论, 区域 II 内的右传播波均可以看作在初始时刻位于 $x<0$ 的虚拟位置所发出的信号. 而该信号的真实始发点在弦的端点处 ($x=0$). 例如, 如图 1.6 所示, 从虚拟点 $x=-x_0$, $t=0$ 所发出的右传播波的特征线满足 $x-at=-x_0$, 其所对应的信号值为 $\dfrac{1}{2}\phi(at-x_0)=\dfrac{1}{2}\phi(x_0)$. 其特征线与区域 II 的左传播波特征线 $x+at=x_0$ 在 $t=\dfrac{x_0}{a}$ 时刻相交, 而该左传播波的信号值也满足 $\dfrac{1}{2}\phi(x+at)=\dfrac{1}{2}\phi(x_0)$. 物理上看, 这表明初始时刻 $x=x_0$ 位置发出的左传播波在 $t=\dfrac{x_0}{u}$ 时到达弦的自由振动端, 随后该信号被无损耗地反射回去, 产生了对应的右传播波. 这也从侧面反映了齐次诺依曼型边界条件所对应的一些物理特征.

实际上, 当 (可能是高维空间内) 偏微分方程刻画的是信息以有限速度传播过程时, 可以尝试寻找具有

$$u=\phi(\boldsymbol{r}+\boldsymbol{v}t) \tag{1.37}$$

形式的解, 其中 $\boldsymbol{r}$ 是空间坐标; $\boldsymbol{v}$ 为待求速度场; $\phi(\cdot)$ 为待求函数. 经此假设, 原

有的偏微分方程往往可以转化为一个可能求解的常微分方程. 我们也将具有 (1.37) 式形式的解称为相应偏微分方程的一个*行波*(travelling wave) 解.

1.2.4　齐次化原理

达朗贝尔公式 (1.26) 给出了齐次弦振动方程之柯西问题的解. 接下来我们将考虑求解非齐次弦振动方程之齐次初值问题 (1.17):

$$(\text{II})\quad \begin{cases} w_{tt}-a^2w_{xx}=f(x,t), & (x,t)\in\mathbb{R}\times\mathbb{R}^+; \\ w|_{t=0}=0, \quad w_t|_{t=0}=0. \end{cases} \tag{1.38}$$

我们的目标是将该问题中的非齐次控制方程转化为齐次, 从而借用达朗贝尔公式求解. 因此我们给出如下齐次化原理, 又称为*杜阿梅尔原理*(Duhamel's principle).

齐次化原理: 若以 τ 为参数的函数 $W(x,t;\tau)$ 满足

$$\begin{cases} W_{tt}-a^2W_{xx}=0, \quad x\in\mathbb{R},\, t>\tau; \\ W|_{t=\tau}=0, \quad W_t|_{t=\tau}=f(x,\tau), \end{cases} \tag{1.39}$$

则

$$w(x,t)=\int_0^t W(x,t;\tau)\,\mathrm{d}\tau \tag{1.40}$$

就是问题 (1.38) 的解.

将 (1.40) 式代入问题 (1.38) 中的控制方程与初始条件就可以验证齐次化原理. 此处留作课后作业.

接下来讨论齐次化原理的物理意义. 若将时间轴分成 $[0,t_1]$, $[t_1,t_2]$, $\cdots$ 无数个时间微段, 则可引入一组 $f_j(x,t)$, $j=1,\,2,\,\cdots$, 满足

$$f_j(x,t)=\begin{cases} f(x,t), & t\in[t_{j-1},t_j]; \\ 0, & \text{其他时刻}. \end{cases}$$

可以验证, 问题 (1.38) 中的外力 f 是由 f_j 叠加而成. 因此, 问题 (1.38) 可以看作是由外力 f_j, $j=1,\,2,\,\cdots$, 影响的受迫振动之叠加. 对于第 j 个过程, f_j 在 $t=t_j$ 时刻才对弦振动产生影响. 而由于 $[t_{j-1},t_j]$ 是时间微段, f_j 的功效是向系统提供了一个 $t=t_j$ 时刻的初速度. 随后, 由于 f_j 变成 0, 弦在该初速度后开始进行自由振动. 这就是问题 (1.39) 的物理意义. 而令时间微段长度趋于 0, 上述叠加求和过程可以逼近一个黎曼积分, 这是 (1.40) 式的雏形.

基于齐次化原理, 我们可以将问题 (1.38) 转化为一个关于 $W(x,t;\tau)$ 的齐次控制方程的初值问题 (1.39). 通过引入新的时间坐标 $\tilde{t}=t-\tau$, 问题 (1.39) 化为一个

标准的初值问题:

$$\begin{cases} W_{\tilde{t}\tilde{t}} - a^2 W_{xx} = 0, \quad (x,\tilde{t}) \in \mathbb{R} \times \mathbb{R}^+; \\ W|_{\tilde{t}=0} = 0, \quad W_t|_{\tilde{t}=0} = f(x,\tau). \end{cases} \tag{1.41}$$

利用达朗贝尔公式 (1.26), 有

$$W(x,t;\tau) = \frac{1}{2a}\int_{x-a\tilde{t}}^{x+a\tilde{t}} f(\alpha,\tau)\mathrm{d}\alpha = \frac{1}{2a}\int_{x-a(t-\tau)}^{x+a(t-\tau)} f(\alpha,\tau)\mathrm{d}\alpha, \tag{1.42}$$

这里将时间坐标换回 t. 再将 (1.42) 式代入 (1.40) 式, 得到问题 (1.38) 解的表达式:

$$w(x,t) = \frac{1}{2a}\int_0^t \int_{x-a\tilde{t}}^{x+a\tilde{t}} f(\alpha,\tau)\mathrm{d}\alpha\mathrm{d}\tau = \frac{1}{2a}\int_0^t \int_{x-a(t-\tau)}^{x+a(t-\tau)} f(\alpha,\tau)\mathrm{d}\alpha\mathrm{d}\tau. \tag{1.43}$$

式 (1.43) 中包含一个含双参数的二重积分.

预备知识

含参变量积分的求导运算

在求解偏微分方程的过程中, 时常会遇到由含参变量积分所定义的函数. 例如,

$$F(x) = \int_{a(x)}^{b(x)} f(x,t)\,\mathrm{d}t.$$

若被积函数 $f(x,t)$ 及其偏导数满足一定的光滑性, 则上述由积分定义的函数之导数可由

$$\frac{\mathrm{d}F}{\mathrm{d}x} = b'(x)f(x,b(x)) - a'(x)f(x,a(x)) + \int_{a(x)}^{b(x)} \frac{\partial f}{\partial x}\,\mathrm{d}t \tag{1.44}$$

来计算.

1.3 分离变量法

1.3.1 初边值问题的提法

本节开始讨论有限长度弦振动问题的求解. 假设弦的两个端点分别对应空间 $x=0$ 和 $x=l$ 位置, 此时弦振动方程的定解问题需要给出初边值条件. 若我们知道弦两端点对应位移的演化轨迹, 即 1.1 节中的狄利克雷型边界条件成立, 则相应初边值问题有如下描述:

$$\begin{cases} u_{tt} - a^2 u_{xx} = f(x,t), \quad (x,t) \in (0,l) \times \mathbb{R}^+; \\ u|_{t=0} = \phi(x), \quad u_t|_{t=0} = \psi(x); \\ u|_{x=0} = \mu_1(t), \quad u|_{x=l} = \mu_2(t), \end{cases} \tag{1.45}$$

其中, $\mu_1(t)$ 和 $\mu_2(t)$ 为时间的已知函数.

注意到上述问题中的控制方程、初始条件与边界条件均为非齐次. 我们首先证明, 对于任意非齐次边界条件, 可以通过引入一个已知函数的方式将边界条件齐次化. 具体操作如下: 引入函数

$$h(x,t)=\frac{l-x}{l}\mu_1(t)+\frac{x}{l}\mu_2(t).$$

实际上, $h(x,t)$ 是由 $\mu_1(t)$ 和 $\mu_2(t)$ 在弦的两个端点处插值而成. 由此可以考虑一个新的未知函数 $v(x,t)=u(x,t)-h(x,t)$ 所满足的初边值问题:

$$\begin{cases} v_{tt}-a^2v_{xx}=f-\dfrac{l-x}{l}\mu_1''(t)-\dfrac{x}{l}\mu_2''(t), \quad (x,t)\in(0,l)\times\mathbb{R}^+; \\ v|_{t=0}=\phi(x)-\dfrac{l-x}{l}\mu_1(0)-\dfrac{x}{l}\mu_2(0), \quad v_t|_{t=0}=\psi(x)-\dfrac{l-x}{l}\mu_1'(0)-\dfrac{x}{l}\mu_2'(0); \\ v|_{x=0}=0, \quad v|_{x=l}=0. \end{cases} \tag{1.46}$$

问题 (1.46) 中控制方程的右端项以及初始条件仍为非齐次, 但边界条件变为齐次. 这就说明, 若要求解问题 (1.45), 总可以先求解一个满足非齐次方程、非齐次初始条件, 以及齐次边界条件的问题, 然后将新问题的解与 $h(x,t)$ 相加得到. 值得指出的是, 对于第二、三类边界条件, 上述构造齐次边界条件的方法依然适用, 但 $h(x,t)$ 的选取略有不同. 相应问题可参考课后作业.

因此, 针对问题 (1.45) 只需要考虑 $\mu_1(t)=\mu_2(t)=0$ 的情形. 与 1.2 节的情形类似, 我们可以利用叠加法将原问题分成两部分, 即 $u=v+w$, 其中 v 和 w 分别满足

$$(\text{I})\quad \begin{cases} v_{tt}-a^2v_{xx}=0, \quad (x,t)\in(0,l)\times\mathbb{R}^+; \\ v|_{t=0}=\phi(x), \quad v_t|_{t=0}=\psi(x); \\ v|_{x=0}=0, \quad v|_{x=l}=0, \end{cases} \tag{1.47}$$

和

$$(\text{II})\quad \begin{cases} w_{tt}-a^2w_{xx}=f, \quad (x,t)\in(0,l)\times\mathbb{R}^+; \\ w|_{t=0}=0, \quad w_t|_{t=0}=0; \\ w|_{x=0}=0, \quad w|_{x=l}=0. \end{cases} \tag{1.48}$$

1.3.2　含齐次控制方程问题的分离变量法求解

首先, 考虑问题 (Ⅰ) 的求解. 这里将介绍**分离变量法**(method of separation of variables). 考虑问题 (1.47) 的解 $v(x,t)$ 可写成两个一元函数乘积的形式:

$$v(x,t)=X(x)T(t). \tag{1.49}$$

将上式代入问题 (1.48) 中的控制方程有

$$T''X = a^2TX''.$$

将上式两边同时除以 $a^2X(x)T(t)$, 我们发现等式的一边是 T''/a^2T, 一个只与自变量 t 相关的函数; 等式另一边是 X''/X, 一个只与自变量 x 有关的函数. 这就说明, 该等式若要成立, 两端都只能取常数. 不妨令该常数等于 $-\lambda$, 于是有

$$\frac{T''}{a^2T} = \frac{X''}{X} = -\lambda. \tag{1.50}$$

若 (1.50) 式成立, $T(t)$ 和 $X(x)$ 需分别满足

$$T'' + a^2\lambda T = 0; \tag{1.51a}$$

$$X'' + \lambda X = 0. \tag{1.51b}$$

这里我们分别得到了关于 $T(t)$ 和 $X(x)$ 的二阶线性常系数常微分方程, 其定解还需给出相应的初始或边界条件.

注意到将变量分离形式 (1.49) 代入问题 (1.47) 中的齐次边界条件有 $X(0) = X(l) = 0$. 因此我们首先得到了关于空间变量一元函数 $X(x)$ 的常微分方程定解问题:

$$\begin{cases} X'' + \lambda X = 0, & x \in (0, l); \\ X(0) = X(l) = 0. \end{cases} \tag{1.52}$$

需要注意的是, $X(x) = 0$ 很自然是问题 (1.52) 的一个解. 但这里要找的是不恒为 0 的解, 也称为问题 (1.52) 的**非平凡解** (non-trivial solution).

根据线性常系数常微分方程的知识, 求解方程 (1.52) 需要分情况讨论.

第一种情况: $\lambda < 0$. 此时微分方程 (1.51b) 的通解可表达为

$$X(x) = C_1 e^{\sqrt{-\lambda}x} + C_2 e^{-\sqrt{-\lambda}x}, \tag{1.53}$$

其中, C_1 和 C_2 为待定常数.

代入问题 (1.52) 的边界条件可以得到一个关于 C_1 和 C_2 的代数方程组:

$$\begin{pmatrix} 1 & 1 \\ e^{\sqrt{-\lambda}l} & e^{-\sqrt{-\lambda}l} \end{pmatrix} \begin{pmatrix} C_1 \\ C_2 \end{pmatrix} = \begin{pmatrix} 0 \\ 0 \end{pmatrix}.$$

注意到上式中的矩阵对于任意 $\lambda < 0$ 均为可逆的, 这就意味着 $C_1 = C_2 = 0$ 是上述代数方程的唯一解. 因此, 当 $\lambda < 0$ 时, 问题 (1.52) 只有平凡解.

第二种情况：$\lambda = 0$. 此时方程的通解写作

$$X(x) = C_1 x + C_2. \tag{1.54}$$

代入边界条件即得到关于 C_1 和 C_2 的代数方程：

$$\begin{pmatrix} 0 & 1 \\ l & 1 \end{pmatrix} \begin{pmatrix} C_1 \\ C_2 \end{pmatrix} = \begin{pmatrix} 0 \\ 0 \end{pmatrix}$$

由于 $l > 0$, 这种情况下问题 (1.52) 依然只有平凡解.

第三种情况：$\lambda > 0$. 此时方程的通解形式为

$$X(x) = C_1 \cos(\sqrt{\lambda} x) + C_2 \sin(\sqrt{\lambda} x). \tag{1.55}$$

代入边界条件后得到

$$\begin{pmatrix} 1 & 0 \\ \cos(\sqrt{\lambda} l) & \sin(\sqrt{\lambda} l) \end{pmatrix} \begin{pmatrix} C_1 \\ C_2 \end{pmatrix} = \begin{pmatrix} 0 \\ 0 \end{pmatrix}.$$

此时我们发现, $C_1 = 0$. 若 $\sin(\sqrt{\lambda} l) = 0$, C_2 可以取任意非零值. 此时对应的 $\lambda = \left(\frac{k\pi}{l}\right)^2$, $k = 1, 2, \cdots$. 不妨令

$$\lambda_k = \left(\frac{k\pi}{l}\right)^2, \quad k = 1, 2, \cdots. \tag{1.56}$$

对于任意 λ_k, 其均对应了一个常微分方程定解问题

$$\begin{cases} X_k'' + \lambda_k X_k = 0, & x \in (0, l); \\ X_k(0) = X_k(l) = 0. \end{cases} \tag{1.57}$$

存在非平凡解

$$X_k(x) = \sin \frac{k\pi x}{l}. \tag{1.58}$$

由 (1.50) 式可知, X 与 T 的方程是通过 λ 关联的. 因此, 只需考虑 $\lambda = \lambda_k$ 时所对应 T 的方程：

$$T_k'' + a^2 \lambda_k T_k = 0. \tag{1.59}$$

由此给出 $T_k(t)$ 通解的表达式为

$$T_k = A_k \cos \frac{ak\pi t}{l} + B_k \sin \frac{ak\pi t}{l}. \tag{1.60}$$

至此, 将 (1.58) 式和 (1.60) 式代回 (1.49) 式, 我们便得到一系列具有变量分离形式的函数表达式: $v_k(x,t) = X_k(x)T_k(t)$, $k = 1, 2, \cdots$. 可以验证, 每一个 v_k 都满足问题 (1.47) 中的控制方程与齐次边界条件. 自然地, 可以假设问题 (1.47) 的解可以写成关于上述 v_k 的某种线性组合:

$$v(x,t) = \sum_{k=1}^{\infty} v_k(x,t) = \sum_{k=1}^{\infty} \left(A_k \cos \frac{ak\pi t}{l} + B_k \sin \frac{ak\pi t}{l} \right) \cdot \sin \frac{k\pi x}{l}, \tag{1.61}$$

其中, A_k 和 B_k 为待定系数. 我们再利用问题 (1.47) 的初始条件完全确定 A_k 和 B_k 的值.

实际上, (1.61) 式是将问题 (1.47) 的解表达为级数展开的形式. 而上述等式若成立, (1.61) 式中的级数必须对于任意 $x \in [0,l]$, $t > 0$ 一致收敛. 这里首先假设该级数满足一致收敛的要求, 之后会讨论该假设成立的证明思路.

接下来利用问题 (1.47) 式来确定 (1.61) 式中的待定系数 A_k 和 B_k. 首先令 $t = 0$, 并代入问题 (1.47) 中的位移初始条件, 可以得到

$$\phi(x) = u|_{t=0} = \sum_{k=1}^{\infty} A_k \sin \frac{k\pi x}{l}. \tag{1.62a}$$

再对 (1.61) 式两边关于 t 求偏导后并令 $t = 0$ 后, 将其代入问题 (1.47) 中的初速度条件可得

$$\psi(x) = u_t|_{t=0} = \sum_{k=1}^{\infty} X_k(x) T_k'(0) = \sum_{k=1}^{\infty} B_k \frac{ak\pi}{l} \sin \frac{k\pi x}{l}. \tag{1.62b}$$

(1.62a) 式和 (1.62b) 式具有正弦级数的形式. 正弦级数可以看作是傅里叶级数的一个特例, 适用于对象函数为奇函数的情形. 关于正弦级数系数的确定在微积分的课程中已经涉及, 更详细的讨论可参考本节后的预备知识部分. 因此 (1.62a) 式和 (1.62b) 式中相应的系数可由

$$A_k = \frac{2}{l} \int_0^l \phi(x) \sin \frac{k\pi x}{l} \, \mathrm{d}x, \quad B_k = \frac{2}{ak\pi} \int_0^l \psi(x) \sin \frac{k\pi x}{l} \, \mathrm{d}x. \tag{1.63}$$

确定.

由此我们给出了问题 (1.47) 解的级数展开形式:

$$v(x,t) = \sum_{k=1}^{\infty} \left(A_k \cos \frac{ak\pi t}{l} + B_k \sin \frac{ak\pi t}{l} \right) \cdot \sin \frac{k\pi x}{l}, \tag{1.64}$$

其中的系数由 (1.63) 式给出.

这里, 也需要讨论上述级数形式可作为问题 (Ⅰ) 解的成立条件. 首先, 若要保证方程的解具有一定的光滑性, 除了保证问题 (1.47) 中的初始条件与边界条件具有

一定的光滑性外, 还需要保证初边界条件的自相容性, 即弦在两个固定端点处的初始位置、初速度应该均为 0: $\phi(0)=\phi(l)=\psi(0)=\psi(l)=0$. 其次, 如前所述, (1.61) 式只有在关于 $x\in(0,l)$ 和 $t\in\mathbb{R}^+$ 均一致收敛的前提下才能作为问题 (Ⅰ) 的解. 事实上, 我们可以证明, 在满足相容性的前提条件下, 以 (1.63) 式为参数的级数表达式 (1.61) 关于 $(x,t)\in(0,l)\times\mathbb{R}^+$ 是一致收敛的. 具体的证明可以参考相关文献①, 此处我们不作重点讨论.

为方便后文讨论, 我们也给出从另一个角度确定 (1.64) 式系数 A_k 和 B_k 的方法. 我们将从 "函数正交性" 这一视角进行讨论. "正交" 的概念已经在线性代数的课程中有所涉及, 如表 1.2 所列出的. 对于 n 维欧氏空间内的向量 $\boldsymbol{u}$ 和 $\boldsymbol{v}$, 可以定义内积: $(\boldsymbol{u},\boldsymbol{v})=\sum_{k=1}^n u_kv_k$. 若 $(\boldsymbol{u},\boldsymbol{v})=0$, 则称两个向量是彼此*正交的*(orthogonal). 此外, 在 n 维欧氏空间中, 总可以选取 n 个两两正交的向量 $\mathbf{e}^1,\cdots,\mathbf{e}^n$, 从而组成一组*正交基*(orthogonal basis), 即若 $j\neq k$, 则 $(\mathbf{e}^j,\mathbf{e}^k)=0$. 而该欧氏空间中的任何一个向量 $\boldsymbol{v}$ 均可以表示为该组正交基的线性组合:

$$\boldsymbol{v}=\sum_{k=1}^n\alpha_k\mathbf{e}^k. \tag{1.65}$$

若要确定组合的第 j 个系数, 只需在上式两边同与 $\mathbf{e}^k$ 做内积, 并利用正交性得到

$$\alpha_j=\frac{(\boldsymbol{v},\mathbf{e}^j)}{(\mathbf{e}^j,\mathbf{e}^j)}.$$

表 1.2　欧氏空间向量正交性与函数正交性的类比

	向量	函数
内积	$(\boldsymbol{u},\boldsymbol{v})=\sum_{k=1}^n u_kv_k$	$<f(x),g(x)>=\int_0^l f(x)g(x)\mathrm{d}x$
正交基	$(\mathbf{e}^j,\mathbf{e}^k)=0,\ j\neq k$	$\int_0^l\sin\frac{j\pi x}{l}\sin\frac{k\pi x}{l}\mathrm{d}x=0,\ j\neq k$
正交分解	$\boldsymbol{v}=\sum\limits_{k=1}^n\alpha_k\mathbf{e}^k$	$\phi(x)=\sum\limits_{k=1}^\infty A_k\sin\frac{k\pi x}{l}$
系数确定	$\alpha_k=\frac{(\boldsymbol{v},\mathbf{e}^k)}{(\mathbf{e}^k,\mathbf{e}^k)}$	$A_k=\frac{2}{l}\int_0^l\phi(x)\sin\frac{k\pi x}{l}\mathrm{d}x$

以上正交的概念也可以从欧氏空间推广到由函数组成的 "空间". 对应的类比关系可参考表 1.2. 根据 (1.62a) 式, $\phi(x)$ 可以看作是以正弦函数 $\sin\dfrac{k\pi x}{l}$, $k=1,\cdots$ 为基函数的一个无穷线性组合. 而两函数的 "内积" 可定义为它们乘积在 $[0,l]$

① 参考《数学物理方法》(第三版), 谷超豪等, 高等教育出版社, 附录 I

区间内的定积分. 可以该组基函数在积分诱导的“内积”下彼此正交, 即

$$\int_0^l \sin\frac{k\pi x}{l}\sin\frac{j\pi x}{l}\,\mathrm{d}x=\begin{cases} l/2, & 若 j=k;\\ 0, & 若 j\neq k.\end{cases} \tag{1.66}$$

这就说明, 若在 (1.62a) 式两边同乘以 $\sin\frac{j\pi x}{l}$ 并从 0 到 l 积分, 有

$$\int_0^l \phi(x)\sin\frac{j\pi x}{l}\,\mathrm{d}x=\sum_{k=1}^{\infty}A_k\int_0^l \sin\frac{k\pi x}{l}\sin\frac{j\pi x}{l}\,\mathrm{d}x, \tag{1.67}$$

这里我们再次利用一致收敛级数积分与求和可交换的性质. 利用 (1.66) 式给出的正交性, (1.67) 式右端项只有在 $j=k$ 时的积分不为零. 于是有

$$\int_0^l \phi(x)\sin\frac{j\pi x}{l}\mathrm{d}x=A_j\int_0^l\left(\sin\frac{j\pi x}{l}\right)^2\mathrm{d}x=\frac{A_j l}{2}.$$

由上式可以同样推出 (1.63) 式中的第一个公式 (将 k 与 j 互换). 利用基函数正交性来确定级数的对应系数的思想将在此后讨论的分离变量法中反复用到.

1.3.3 分离变量法解的物理意义

为更清楚地看到级数表达式 (1.61) 所蕴含的物理含义, 我们将其右端项进行进一步的整理:

$$v(x,t)=\sum_{k=1}^{\infty}N_k\cos(\omega_k t+\theta_k)\sin\frac{k\pi x}{l}=\sum_{k=1}^{\infty}v_k(x,t), \tag{1.68}$$

其中, $N_k=\sqrt{A_k^2+B_k^2}$, $\omega_k=a\sqrt{\lambda_k}=\frac{ak\pi}{l}$, $\cos\theta_k=\frac{A_k}{\sqrt{A_k^2+B_k^2}}$, $\sin\theta_k=\frac{-B_k}{\sqrt{A_k^2+B_k^2}}$.

从物理角度看, 端点固定的弦振动过程可以看作是一组简单波 $v_k(x,t)$ 的叠加, 这里 N_k, ω_k, θ_k 分别表示第 k 组简单波所对应的振幅、频率与初相位. 特别地, 根据表达式 $a=\sqrt{\frac{T}{\rho}}$ 可知每个频率值 ω_k 只与弦本身性质有关 (弦长 l, 密度 ρ 与线张力 T), 而与振动的初始状态无关. 因此, ω_k 又称为弦振动问题的第 k 个本征值 (类比于线性代数中的特征值、振动力学中的固有频率).

此外, 对于 (1.68) 式中的每个简单波 $v_k(x,t)$, 任意一点 x 微段的位移只发生垂向变化, 我们称其为驻波 (standing wave), 可对应参考图 1.7. 特别地, 第 k 组简单波 $u_k(x,t)$ 在 $x=\frac{nl}{k}, n\in\mathbb{Z}^+$ 等位置恒取 0 值, 即第 k 组简单波在上述位置没有发生位移. 这类点称为驻点或节点(nodes). 因此, 两端固定弦振动状态可看作是一系列驻波叠加而得到, 且每个驻波的振动频率仅由弦本身的物理性质决定, 与初始状态无关. 因此分离变量法又称为驻波法.

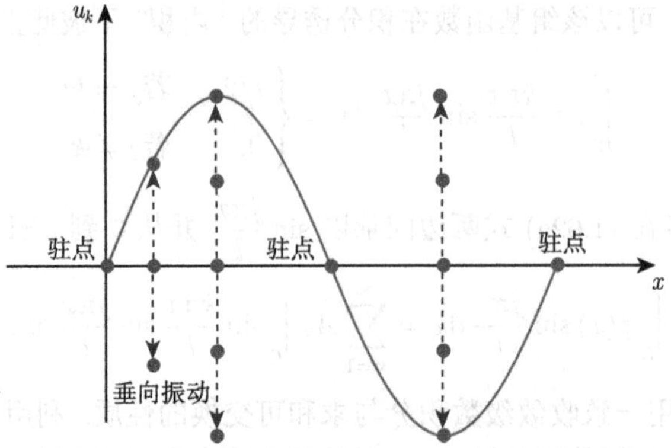

图 1.7　x-u_k 空间点运动示意图

1.3.4　非齐次方程初边值问题的求解

最后, 考虑问题 (Ⅱ), 即非齐次方程初边值问题 (1.48) 的求解. 很自然地, 我们想到 1.2 节针对柯西问题的齐次化原理. 针对初边值问题, 我们提出以下的齐次化原理.

齐次化原理　若以 τ 为参数的函数 $W(x,t;\tau)$ 是

$$\begin{cases} W_{tt}-a^2W_{xx}=0, \quad x\in(0,l), \quad t>\tau; \\ W|_{t=\tau}=0, \quad W_t|_{t=\tau}=f(x,\tau); \\ W|_{x=0}=0, \quad W|_{x=l}=0 \end{cases} \tag{1.69}$$

的解, 则

$$w(x,t)=\int_0^t W(x,t;\tau)\mathrm{d}\tau \tag{1.70}$$

为问题 (1.48) 的解.

由于 $W(x,t;\tau)$ 所满足的问题 (1.69) 之控制方程与边界条件为齐次, 而初始条件非齐次. 我们可以代入 (1.61) 式得到其表达式:

$$W(x,t;\tau)=\sum_{k=1}^{\infty}B_k\sin\frac{ak\pi(t-\tau)}{l}\sin\frac{k\pi x}{l},$$

其中的系数 B_k 满足

$$B_k=\frac{2}{ak\pi}\int_0^l f(s,\tau)\sin\frac{k\pi s}{l}\,\mathrm{d}s.$$

将上式代入 (1.70) 式可得问题 (1.48) 解的级数表达式:

$$w(x,t)=\sum_{k=1}^{\infty}\frac{2}{ak\pi}\sin\frac{k\pi x}{l}\cdot\int_0^t\int_0^l f(s,\tau)\sin\frac{k\pi s}{l}\sin\frac{ak\pi(t-\tau)}{l}\,\mathrm{d}s\mathrm{d}\tau.$$

预备知识

傅里叶级数相关知识

对于定义在 $x\in(-l,l)$ 的可积函数 $f(x)$, 具有如下傅里叶级数展开形式:

$$f(x)\sim\frac{a_0}{2}+\sum_{k=1}^{\infty}\left(a_k\cos\frac{k\pi x}{l}+b_k\sin\frac{k\pi x}{l}\right),$$

其中, a_k 和 b_k 为对应的傅里叶系数, 满足

$$a_k=\frac{1}{l}\int_{-l}^{l}f(x)\cos\frac{k\pi x}{l}\,\mathrm{d}x,\quad k=0,1,\cdots;$$

$$b_k=\frac{1}{l}\int_{-l}^{l}f(x)\sin\frac{k\pi x}{l}\,\mathrm{d}x,\quad k=1,2,\cdots.$$

这里我们注意到, 傅里叶级数的基函数是在定义域 $(-l,l)$ 内为周期函数的正余弦函数.

若 $f(x)$ 为**奇函数**(odd function), 对应的展开式中 $a_k=0$, 而 b_k 的表达式可以简化为

$$\begin{aligned}b_k&=\frac{1}{l}\int_{-l}^{0}f(x)\sin\frac{k\pi x}{l}\,\mathrm{d}x+\frac{1}{l}\int_{0}^{l}f(x)\sin\frac{k\pi x}{l}\,\mathrm{d}x\\&=-\frac{1}{l}\int_{0}^{l}f(-s)\sin\frac{k\pi s}{l}\,\mathrm{d}s+\frac{1}{l}\int_{0}^{l}f(x)\sin\frac{k\pi x}{l}\,\mathrm{d}x\\&=\frac{2}{l}\int_{0}^{l}f(x)\sin\frac{k\pi x}{l}\,\mathrm{d}x.\end{aligned}$$

我们将上述 b_k 所对应的在半周期 $x\in(0,l)$ 内定义的傅里叶级数

$$f(x)\sim\sum_{k=1}^{\infty}b_k\cos\frac{k\pi x}{l}$$

称为**正弦级数**(sine series).

类似地, 若 $f(x)$ 为偶函数, 其可对应于一个在半周期内定义的**余弦级数**(cosine series):

$$f(x)\sim\frac{a_0}{2}+\sum_{k=1}^{\infty}a_k\cos\frac{k\pi x}{l},$$

其中

$$a_k=\frac{2}{l}\int_{-l}^{l}f(x)\cos\frac{k\pi x}{l}\,\mathrm{d}x,\quad k=0,1,\cdots.$$

1.4　高维波动方程

1.4.1　薄膜振动方程的导出

这一节将讨论高维波动方程的模型建立, 定解问题, 以及方程的一些基本性质. 考虑如图 1.8 所示的薄膜构型. 假设其在展平状态下与是 x-y 平面平行的. 我们要考虑如何刻画该薄膜在张紧状态下的振动问题. 与一维弦振动问题建模过程类似, 我们先对所研究的问题作出一些合理的假设:

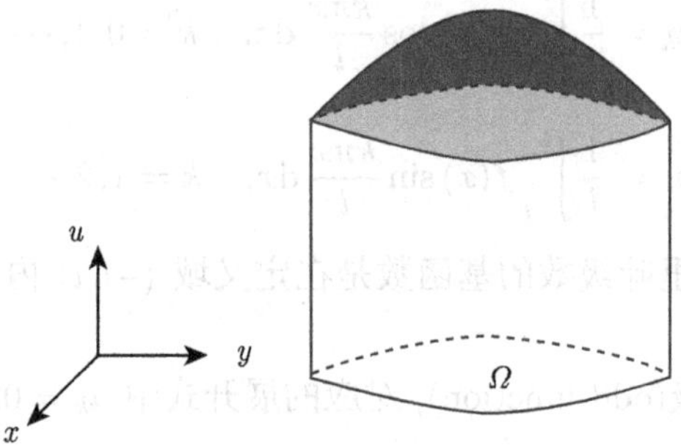

图 1.8　膜振动方程模型

(1) 膜的厚度远小于其他两个方向的尺寸, 且薄膜上任意一点仅发生垂直于 x-y 平面的位移, 设为 $u(x,y)$.

(2) 薄膜在振动过程中发生小变形, 即 $|u_x|$, $|u_y|$ 的高阶项均可近似为 0.

(3) 在张紧的状态下, 薄膜仅受切向张力的影响. 这里特别指出的是, 关于二维薄膜上某点所承受张力的讨论需要引入*应力*(stress) 的概念. 简单来说, 我们只能针对过薄膜上某点的一个剖面进行受力分析. 剖面间的在薄膜切平面内的受力可分解为两个分量: 与剖面垂直的*张力*(normal force) 分量, 以及与剖面平行的*剪力*(shear force) 分量. 此处的假设可具体总结为, 对于过薄膜上某点的任意剖面均只有正的张力分量, 而无剪力分量. 实际上, 可以证明, 对于仅发生垂向振动的匀质薄膜, 该张力分量的大小 T 与薄膜点的位置及剖面方向无关①.

因此本问题所考虑的物理量总结如表 1.3 所示.

注意到薄膜仅发生垂向振动, 因此若在初始时刻薄膜在 x-y 平面的投影为区域 Ω, 则 Ω 在振动过程中不发生改变. 我们的目的是构建位移 $u(x,y,t)$ 所满足的偏微分方程, 其中 $(x,y)\in\Omega$.

类似于一维问题的建模, 我们任取薄膜上一个部分. 如图 1.9 所示, 假设该部分在 x-y 平面投影区域为 Ω_0. 现考虑该薄膜片在时间区间 $[t_1,t_2]$ 内沿垂向方向的

① 参考《数学物理方程》(第三版), 谷超豪等, 高等教育出版社, 附录 II

动量守恒关系, 即该薄膜片动量的变化应等于垂向力在相应时段内所引起的冲量. 类似一维情形, 有

$$\text{动量变化} = \int_{\Omega_0} \rho\left(u_t\big|_{t=t_2} - u_t\big|_{t=t_1}\right) \mathrm{d}x\mathrm{d}y = \int_{t_1}^{t_2}\int_{\Omega_0} \rho u_{tt}\, \mathrm{d}x\mathrm{d}y\mathrm{d}t, \tag{1.71}$$

上式后半部分是基于牛顿–莱布尼茨公式.

表 1.3 薄膜振动过程建模涉及的物理量

符号	物理意义	量纲
t	时间自变量	秒
x, y	空间自变量	米
$u(x, y; t)$	垂向位移	厘米
$F(x, y; t)$	垂向外力面密度	牛/米^2
T	单位长度面张力	牛/米
ρ	质量面密度	千克/米^2

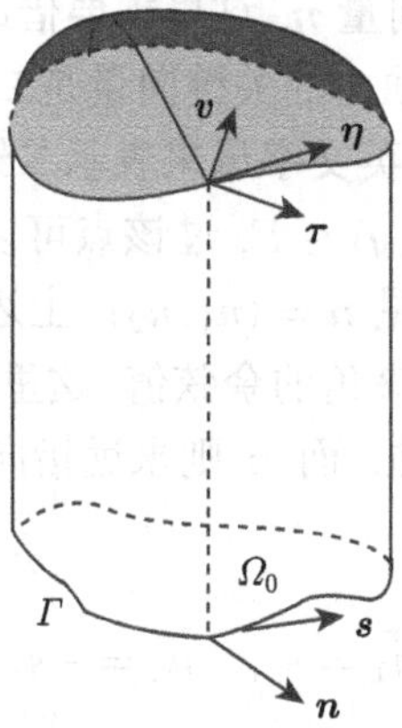

图 1.9 膜振动过程关键方向向量示意图

该问题的冲量由两项构成: ①因外力 F 所引起的; ②因 Ω_0 边界 (表示为 Γ) 所受到来自薄膜其他部分线张力所引起. 由外力引起的冲量可表示为

$$\int_{t_1}^{t_2}\int_{\Omega_0} F(x, y, t)\mathrm{d}x\mathrm{d}y\mathrm{d}t. \tag{1.72}$$

这里建模的关键是如何计算由薄膜其他部分线张力所引起的冲量. 如图 1.9 所示, 需要引入与薄膜片边界相关的几个方向向量, 我们将用粗体希腊字母来表示此类向量. 对于薄膜片边界上的某点, 用 $\boldsymbol{\nu}$ 来表示该点所对应的薄膜单位法向量. 为避免方向上的歧义性, 我们要求 $\boldsymbol{\nu}$ 的第三个分量为取正号. 第二个关键方向向量是过薄膜片边界点且与薄膜边界相切的单位向量, 用 $\boldsymbol{\eta}$ 来表示. 第三个关键方向向量是过

边界点且与上述两向量均垂直的单位向量, 用 $\boldsymbol{\tau}$ 来表示. 这三个方向向量之间的关系可由

$$\boldsymbol{\tau} = \boldsymbol{\eta} \times \boldsymbol{\nu} \tag{1.73}$$

确定, 其中 “×” 表示两向量的外积. 由前面对薄膜线张力的描述, 薄膜其他部分在该边界点所产生的单位长度的力可表达为 $T\boldsymbol{\tau}$, 即力的大小为 T, 方向为 $\boldsymbol{\tau}$.

接下来我们将上述关键单位向量用 x 和 y 的二元函数来表示. 首先表达其对应的法向量 $\boldsymbol{\nu}$. 若将薄膜看作是 x-y-z 空间内的一个曲面, 则该曲面可以用隐函数 $z - u(x,y) = 0$ 来表示. 因此, 有

$$\boldsymbol{\nu} = \frac{1}{\sqrt{1+u_x^2+u_y^2}}(-u_x, -u_y, 1) \approx (-u_x, -u_y, 1), \tag{1.74}$$

上式利用了 $|u_x^2|, |u_y|^2$ 均为高阶项量的假设. 这里为了与图 1.9 对应, 要求 $\boldsymbol{\nu}$ 的第三个分量恒大于 0.

接下来表达薄膜片边界切向量 $\boldsymbol{\eta}$. 这里需要借助图 1.9 所示的 x-y 平面内的关键向量. 值得指出的是, x-y 平面内的关键向量是二维向量. 为与上述 $\boldsymbol{\tau}$ 等三维向量有所区别, 这里我们用黑体的英文字母来表示二维向量. 薄膜片边界上任何一点在 x-y 平面上的投影应满足 $(x,y) \in \varGamma$, 过该点可以定义 (二维) 边界 $\varGamma$ 上的单位切向量 $\boldsymbol{s} = (s_1, s_2)$ 与单位法向量 $\boldsymbol{n} = (n_1, n_2)$. 上述二维向量的两个分量分别等于所关注向量分别与 x 轴和 y 轴夹角的余弦值. 这里, $\boldsymbol{s}$ 方向的取法如下: 沿着 $\boldsymbol{s}$ 方向绕 $\varOmega_0$ 运动, $\varOmega_0$ 始终在左手边. 而 $\boldsymbol{n}$ 则永远指向 $\varOmega_0$ 的外部. 如图 1.9 所示, 以上两组向量之间满足如下关系:

$$n_1 = s_2, \quad n_2 = -s_1. \tag{1.75}$$

如此, 薄膜片边界切向量 $\boldsymbol{\eta}$ 可表达为

$$\boldsymbol{\eta} \approx (s_1, s_2, u_x s_1 + u_y s_2), \tag{1.76}$$

上述向量的第三个分量实质上对应的是 $u(x,y)$ 沿着 $\boldsymbol{s}$ 的方向导数.

将 (1.74) 式和 (1.76) 式代入 (1.73) 式, 我们得到薄膜片边界上任意一点所对应的线张力方向:

$$\boldsymbol{\tau} \approx (s_2, -s_1, u_x s_2 - u_y s_1) = (n_1, n_2, u_x n_1 + u_y n_2), \tag{1.77}$$

其中, 第二个等式是利用了 (1.75) 式中二维法向与切向向量的互换关系. 实际上, 上式中的第三个分量等于 u 关于法向 $\boldsymbol{n}$ 的方向导数. 如前所述, 薄膜片边界上任

意一点, 若其所在的一段边界微元表示为 $\mathrm{d}\Gamma$, 则其上所受到薄膜其他部分的线张力为 $T\boldsymbol{\tau}\mathrm{d}\Gamma$. 因此, 线张力对薄膜片在 $[t_1,t_2]$ 时段内沿垂向方向的冲量为

$$\int_{t_1}^{t_2}\int_{\Gamma} T(u_x n_1 + u_y n_2)\,\mathrm{d}\Gamma\mathrm{d}t = \int_{t_1}^{t_2}\int_{\Omega_0} T(u_{xx}+u_{yy})\,\mathrm{d}x\mathrm{d}y\mathrm{d}t, \tag{1.78}$$

其中, 第二个等式我们使用了格林公式. 格林公式是多元微积分中的重要公式, 它可以看作是分部积分(integration by part) 公式的高维对应, 相应具体细节请参考本节后的预备知识.

结合 (1.71) 式, (1.72) 式与 (1.78) 式, 可建立沿垂向方向的动量守恒关系:

$$\int_{t_1}^{t_2}\int_{\Omega_0} \rho u_{tt}\,\mathrm{d}x\mathrm{d}y\mathrm{d}t = \int_{t_1}^{t_2}\int_{\Omega_0} [T(u_{xx}+u_{yy}) + F(x,y,t)]\,\mathrm{d}x\mathrm{d}y\mathrm{d}t. \tag{1.79}$$

根据 Ω_0 及 t_1 和 t_2 选取的任意性, (1.79) 式中的被积函数需要满足如下等式:

$$\rho u_{tt} - T(u_{xx}+u_{yy}) = F(x,y,t).$$

类似一维问题, 引入单位质量的外力 $f=\dfrac{F}{\rho}$ 及 $a^2=\dfrac{T}{\rho}$, 最终得到薄膜振动的控制方程:

$$\frac{\partial^2 u}{\partial t^2} - a^2\left(\frac{\partial^2 u}{\partial x^2}+\frac{\partial^2 u}{\partial y^2}\right) = f(x,y,t). \tag{1.80}$$

1.4.2 定解问题提法

类似一维问题, 若要确定膜振动过程, 二维波动问题也需要给出相应的定解条件. 若薄膜尺寸无限大, 即 $(x,y)\in\mathbb{R}^2$, 称对应的问题为柯西问题. 此时需要提关于薄膜的初始形状与初速度的初始条件:

$$u|_{t=0} = \phi(x,y), \quad u_t|_{t=0} = \psi(x,y). \tag{1.81}$$

若薄膜为有限尺寸, 考虑的就是初边值问题. 此时除了给出上述初始条件外, 还需要在边界处提边界条件. 类似一维情形, 边界条件的提法也可以分为三种. 若我们控制薄膜边界的位移, 则有第一类 (也称狄利克雷型) 边界条件: $u=g(x,y,t)$, 其中 $(x,y)\in\partial\Omega$, 或简写为

$$u|_{\partial\Omega} = g(x,y,t). \tag{1.82}$$

若我们控制薄膜边界的受力状况, 得到第二类 (也称诺依曼型) 边界条件:

$$T\left.\frac{\partial u}{\partial n}\right|_{\partial\Omega} = g(x,y,t), \tag{1.83}$$

其中, $\dfrac{\partial u}{\partial n}$ 表示位移 u 沿 Ω 边界法向的导数. 将上述两类边界条件整合, 便得到第

三类 (也称罗宾型) 边界条件:

$$\left.\left(\sigma u+T\frac{\partial u}{\partial n}\right)\right|_{\partial\Omega}=g(x,y,t). \tag{1.84}$$

1.4.3　高维波动方程柯西问题的解及其基本性质

类比一维和二维波动方程, 可以给出三维空间内波动方程:

$$u_{tt}-a^2\left(u_{xx}+u_{yy}+u_{zz}\right)=f(x,y,z;t). \tag{1.85}$$

在后面的学习中, 我们会发现电磁波的传播在某些条件下可以由上述三维波动方程来描述. 关于三维波动方程的定解问题, 可以参考二维的情形给出柯西问题以及初边值问题的提法.

高维 (二/三维) 波动方程柯西问题的解也存在相应的解析表达式. 三维波动方程的柯西问题求解所采用的常用方法有**球平均**(spherical mean) 法. 由于推导过程相对复杂, 在此略去求解的细节①. 然而, 球平均法的背后的物理意义值得我们进行简要讨论. 球平均法告诉我们对于三维齐次波动方程的柯西问题

$$\begin{cases} u_{tt}-a^2\left(u_{xx}+u_{yy}+u_{zz}\right)=0, \quad (x,y,z)\in\mathbb{R}^3, \quad t>0; \\ u|_{t=0}=\phi(x,y,z), \quad u_t|_{t=0}=\psi(x,y,z), \end{cases} \tag{1.86}$$

其解可表达为

$$u(\boldsymbol{r};t)=\frac{\partial}{\partial t}\left(\frac{1}{4\pi a^2t}\iint_{\partial\mathcal{O}_{at}(\boldsymbol{r})}\phi(\tilde{\boldsymbol{r}})\,\mathrm{d}S_{\tilde{\boldsymbol{r}}}\right)+\frac{1}{4\pi a^2t}\iint_{\partial\mathcal{O}_{at}(\boldsymbol{r})}\psi(\tilde{\boldsymbol{r}})\,\mathrm{d}S_{\tilde{\boldsymbol{r}}}, \tag{1.87}$$

这里为简化起见, 我们引入黑体 $\boldsymbol{r}=(x,y,z)$ 表示空间坐标; 而 $\tilde{\boldsymbol{r}}$ 则表示的是三维空间上的积分变量; $\partial\mathcal{O}_{at}(\boldsymbol{r})$ 表示以 $\boldsymbol{r}$ 为圆心, at 为半径的球面; $\mathrm{d}S_{\tilde{\boldsymbol{r}}}$ 为该球面上的面积微元.

(1.87) 式虽然看起来复杂, 但其表达的物理意义却非常直观. 三维空间内由 (1.85) 式控制的波动过程是以 a 为波速沿着径向方向传播的. 也就是说, 若我们距离初始波源为 r, 则我们只会在 $t=r/a$ 时刻感受到该波源的信息, 之前和之后我们都无法感受到该波源. 换句话说, 初始时刻 (x_0,y_0,z_0) 点的影响区域是一个 (比三维空间低一维的) 球面:

$$\{(x,y,z)|(x-x_0)^2+(y-y_0)^2+(z-z_0)^2=a^2t^2\}.$$

若我们将某点信息在 t 时刻首次达到的所有空间点的集合称为一个**波阵面**(wave front). 则三维波动初始时刻的信息只停留在其波阵面上. 这与 1.2.2 小节所讨论的

① 详细求解过程可参考《数学物理方程》(第三版), 谷超豪等, 高等教育出版社, 第 1.4 节

一维情形形成对比. 对于一维问题, 达朗贝尔公式 (1.26) 告诉我们, x_0 点处初始波源对应 t 时刻的波阵面是两个点: x_0-at 和 x_0+at. 然而, 若 x_0 处的初速度不为 0, 则其影响区域是波阵面包含的所有点, 即一维区间 $[x_0-at, x_0+at]$. 也就是说, 在三维空间内, 声源传到我们耳朵之后, 我们就不再听到该声源. 而一维空间里距我们距离 r 处的 "声源" 所发出的声音会在 $t=r/a$ 时刻之后首次传到我们耳朵里, 此后我们也会不断听到该声源的振动. 从数学角度看, 这是因为三维问题解 (1.87) 只在球面 $\partial\mathcal{O}_{at}(\boldsymbol{r})$ 上积分; 而一维达朗贝尔公式 (1.26) 则是在整个区间 $[x-at, x+at]$ 内做积分. 这也表明, 在三维均匀介质中传播的波具有固定的波速 a.

当初始波源不是一个点而是一个空间区域时, 其在 t 时刻的影响应该 "包裹" 在三维空间的一个 "球壳" 内, 即只有在该球壳内的区域感受到初始波源. 这一现象成为**惠更斯原理** (Huygens' principle) 或无后续效应原理.

最后讨论二维波动方程柯西问题:

$$\begin{cases} u_{tt}-a^2\left(u_{xx}+u_{yy}\right)=0, \quad (x,y)\in\mathbb{R}^2, \quad t>0; \\ u|_{t=0}=\phi(x,y), \quad u_t|_{t=0}=\psi(x,y). \end{cases} \tag{1.88}$$

上述问题的解则是通过对三维问题解**降维**(reduction of dimension) 而得到, 因此求解方法也称为降维法. 同样地, 我们忽略降维法的推导过程直接给出问题 (1.88) 解的表达式:

$$\begin{aligned} u(x,y;t)=&\frac{1}{2\pi a}\frac{\partial}{\partial t}\iint_{\mathcal{O}_{at}(x,y)}\frac{\phi(\xi,\eta)\,\mathrm{d}\xi\mathrm{d}\eta}{\sqrt{a^2t^2-(x-\xi)^2-(y-\eta)^2}} \\ &+\frac{1}{2\pi a}\iint_{\mathcal{O}_{at}(x,y)}\frac{\psi(\xi,\eta)\,\mathrm{d}\xi\mathrm{d}\eta}{\sqrt{a^2t^2-(x-\xi)^2-(y-\eta)^2}}, \end{aligned} \tag{1.89}$$

其中, $\mathcal{O}_{at}(x,y)$ 表示以 (x,y) 为圆心, at 为半径的圆形区域.

对于 (1.89) 式刻画的二维情形, 初始点 (x_0,y_0) 对应的波阵面是以该点为圆心, 以 at 为半径的圆形边界. 而二维问题初始点 (x_0,y_0) 处 (无论是初始位移还是初始速度) 信息的影响区域包含波阵面内的所有点:

$$\{(x,y)|(x-x_0)^2+(y-y_0)^2\leqslant a^2t^2\}.$$

这在 x-y-t 空间内对应了一个如图 1.10(a) 所示的锥体, 锥体内的所有点均受到 $x=x_0$, $y=y_0$, $t=0$ 点处信息的影响. 我们称图 1.10 对应的锥体表面为一个**特征锥** (characteristic cone). 类似一维问题, 我们也可以定义空间任意一点 (x_0,y_0) 在 t_0 时刻的依赖区间, 如图 1.10(b) 所示.

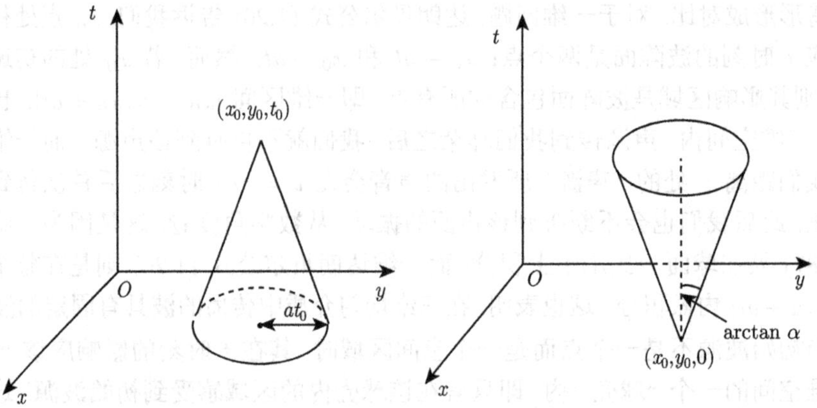

(a)影响区域　　　　(b)依赖区域

图 1.10　特征锥

预备知识

1. **曲面相关解析描述**

对于三维空间中的某曲面, 一般有两种解析表达式. 一种是将曲面上任何一点 $\boldsymbol{r}=(x,y,z)^{\mathrm{T}}$ 的坐标均显式 (explicit) 表示为参数自变量 u 和 v 的二元函数. 例如, 单位球面上任何一点可以表示为

$$x=\cos\theta\sin\varphi,\quad y=\sin\theta\sin\varphi,\quad z=\cos\varphi,$$

其中, θ 与 φ 是参数自变量满足 $\theta\in[0,2\pi)$, $\varphi\in[0,\pi]$.

此外, 曲面也可以通过引入其上任何一点所满足的一个方程来隐式(implicit) 表达. 例如, 单位球面也可以用 $x^2+y^2+z^2=1$ 来表达. 我们可参考表 1.4 给出曲面上任意一点所对应法向量的数学描述以及曲面表达式的成立条件.

这里我们将曲面相关解析描述汇总于表 1.4 中.

表 1.4　曲面表达总结

	显式	隐式
解析表达式	$\boldsymbol{r}=\begin{cases}x=x(u,v)\\y=y(u,v)\\z=z(u,v)\end{cases}$	$f(x,y,z)=0$
法向量	$\dfrac{\partial\boldsymbol{r}}{\partial u}\times\dfrac{\partial\boldsymbol{r}}{\partial v}$	∇f
成立条件	$\left\lvert\dfrac{\partial\boldsymbol{r}}{\partial u}\times\dfrac{\partial\boldsymbol{r}}{\partial v}\right\rvert\neq0$	$\lvert\nabla f\rvert\neq0$

2. 格林公式

格林公式在偏微分方程的建模、分析与求解过程中扮演着极其重要角色. 这里将汇总不同形式的格林公式, 并讨论它们之间的相互推导关系. 首先给出格林公式在不同维度下的一个统一形式:

$$\int_{\Omega} \frac{\partial f(\boldsymbol{r})}{\partial r_i} \mathrm{d}\boldsymbol{r} = \int_{\partial\Omega} f(\boldsymbol{r}) n_i \, \mathrm{d}\Gamma, \tag{1.90}$$

这里向量 $\boldsymbol{r}$ 为自变量, 既可以是二维也可以是三维, r_i 代表其第 i 个分量; Ω 对应的是二维或三维空间内的一个封闭区域; $\partial\Omega$ 是积分区域的边界; $\mathrm{d}\Gamma$ 是边界微元; n_i 为边界外法线方向的第 i 个分量. (1.90) 式可以看作是一维牛顿–莱布尼茨公式的高维推广.

将上式中的 f 换成两个函数的乘积, 如 $f = g \cdot h$, 可得到一维分部积分公式的高维推广:

$$\int_{\Omega} g \frac{\partial h}{\partial r_i} \mathrm{d}\boldsymbol{r} = \int_{\partial\Omega} g \cdot h n_i \, \mathrm{d}\Gamma - \int_{\Omega} h \frac{\partial g}{\partial r_i} \mathrm{d}\boldsymbol{r}. \tag{1.91}$$

对于二维情形, 可以将 (1.90) 式具体写成

$$\iint_{\Omega} \left(\frac{\partial Q}{\partial x} - \frac{\partial P}{\partial y} \right) \mathrm{d}x\mathrm{d}y = \int_{\partial\Omega} (Qn_1 - Pn_2) \, \mathrm{d}s,$$

其中, $\mathrm{d}s$ 代表弧长微元. 注意到二维区域的边界外法向 $\boldsymbol{n}$ 与正向切方向 $\boldsymbol{s}$ 有如 (1.75) 式的转换关系: $s_1 = -n_2$, $s_2 = n_1$. 这里正向切方向指沿该方向运动时, 区域永远在左手边所对应的方向 (参考图 1.9). 此外, 再利用 $\mathrm{d}x = s_1\mathrm{d}s$, $\mathrm{d}y = s_2\mathrm{d}s$, 上式可以转化为

$$\int_{\partial\Omega} P\mathrm{d}x + Q\mathrm{d}y = \int_{\Omega} \left(\frac{\partial Q}{\partial x} - \frac{\partial P}{\partial y} \right) \mathrm{d}x\mathrm{d}y. \tag{1.92}$$

上式实际上是一般微积分教程中的格林公式的形式.

对于三维情形, 可以将 (1.90) 式具体写成

$$\iiint_{\Omega} \left(\frac{\partial P}{\partial x} + \frac{\partial Q}{\partial y} + \frac{\partial R}{\partial z} \right) \mathrm{d}x\mathrm{d}y\mathrm{d}z = \iint_{\partial\Omega} (Pn_1 + Qn_2 + Rn_3) \, \mathrm{d}S, \tag{1.93}$$

其中, $\mathrm{d}S$ 为边界面积微元. 此外我们知道, $n_1\mathrm{d}S$ 对应的是该面积微元在 y-z 平面内的投影, 即 $n_1\mathrm{d}S = \mathrm{d}y\mathrm{d}z$, 且以此类推. 于是得到了微积分教材中的高斯公式:

$$\iiint_{\Omega} \left(\frac{\partial P}{\partial x} + \frac{\partial Q}{\partial y} + \frac{\partial R}{\partial z} \right) \mathrm{d}x\mathrm{d}y\mathrm{d}z = \iint_{\partial\Omega} P\mathrm{d}y\mathrm{d}z + Q\mathrm{d}x\mathrm{d}z + R\mathrm{d}x\mathrm{d}y. \tag{1.94}$$

1.5　波动方程解性质的讨论

本节将围绕波动方程解的性质展开讨论, 目的是将波动这一物理过程与其背后的数学描述联系起来. 基于物理视角, 我们将考察薄膜振动过程中能量的变化情况; 基于数学视角, 我们将讨论波动方程的解是否存在、唯一及对误差的敏感度. 我们将以下述二维波动方程初边值问题为例开展讨论.

$$\begin{cases} u_{tt}-a^2(u_{xx}+u_{yy})=f(x,y;t), \quad (x,y)\in\Omega, \quad t>0; \\ u|_{t=0}=\phi(x,y), \quad u_t|_{t=0}=\psi(x,y); \\ u|_{\partial\Omega}=h(x,y;t). \end{cases} \tag{1.95}$$

这里继续沿用 1.4 节中物理量的表达形式: f 是薄膜单位质量上的受力, $a^2=\dfrac{T}{\rho}$, 其中 T 为薄膜预紧力, ρ 为薄膜面质量密度.

1.5.1　能量表达式

首先, 我们从物理的视角考察上述膜振动系统所对应的能量. 若忽略摩擦阻力, 薄膜在振动过程中的总能量, 即*机械能*(mechanical energy) $\mathcal{E}$ 由两部分组成, *动能* (kinetic energy) 部分 $\mathcal{T}$ 与*弹性势能* (elastic energy) 部分 $\mathcal{U}$.

系统动能部分可描述为

$$\mathcal{T}=\frac{1}{2}\iint_\Omega \rho u_t^2\mathrm{d}x\mathrm{d}y, \tag{1.96}$$

其中的被积函数称为在 t 时刻系统在 (x,y) 点处的 *动能密度* (kinetic energy density).

系统的弹性势能则可表达为

$$\mathcal{U}=\frac{1}{2}\iint_\Omega T(u_x^2+u_y^2)\mathrm{d}x\mathrm{d}y, \tag{1.97}$$

其中的被积函数刻画了相应的*弹性势能密度* (elastic energy density). 需要指出的是, (1.97) 式中的弹性势能密度表达形式非常典型. 例如, 我们知道弹簧在弹性限度内, 其弹性势能密度为 $\dfrac{k}{2}u_x^2$, 其中 k 为弹簧的弹性系数, u 为弹簧相对平衡位置的位移量; 静电势能密度则可表达为 $\dfrac{\epsilon_0}{2}|\nabla U|^2$, 其中 ϵ_0 成为介电常数, U 是系统的静电势, 等.

因此, 在薄膜振动过程中, 系统的机械能可表达为

$$\mathcal{E}=\frac{1}{2}\iint_\Omega \left[\rho u_t^2+T(u_x^2+u_y^2)\right]\mathrm{d}x\mathrm{d}y. \tag{1.98}$$

现考察薄膜在振动过程中系统能量随时间的变化情况. 关于 (1.98) 式两边同时关于时间求导数:

$$\dot{\mathcal{E}} = \iint_{\Omega} [\rho u_t u_{tt} + T(u_x u_{xt} + u_y u_{yt})] \,\mathrm{d}x\mathrm{d}y, \tag{1.99}$$

这里用 $\dot{\mathcal{E}}$ 来表示机械能随时间的变化率.

根据格林公式有

$$\iint_{\Omega} (u_x u_{xt} + u_y u_{yt}) \,\mathrm{d}x\mathrm{d}y = \int_{\partial\Omega} u_t \frac{\partial u}{\partial n} \,\mathrm{d}s - \iint_{\Omega} u_t(u_{xx} + u_{yy}) \,\mathrm{d}x\mathrm{d}y,$$

其中, 关于 n 的偏导数表示沿边界外法向的方向导数; $\mathrm{d}s$ 表示边界的弧长微元.

将上式代入 (1.99) 式可以得到

$$\dot{\mathcal{E}} = \iint_{\Omega} \rho u_t \left[u_{tt} - a^2(u_{xx} + u_{yy})\right] \,\mathrm{d}x\mathrm{d}y + \int_{\partial\Omega} u_t T \frac{\partial u}{\partial n} \,\mathrm{d}s,$$

其中我们利用了 $a^2 = \dfrac{T}{\rho}$. 将问题 (1.95) 中控制方程代入上式右端的二重积分项有

$$\dot{\mathcal{E}} = \iint_{\Omega} \rho u_t f \,\mathrm{d}x\mathrm{d}y + \int_{\partial\Omega} u_t T \frac{\partial u}{\partial n} \,\mathrm{d}s. \tag{1.100}$$

由 1.4 节的分析可知, (1.100) 式中的二重积分刻画的是密度力 f 对薄膜面做功的功率. 而 $T\dfrac{\partial u}{\partial n}\mathrm{d}s$ 实际上描述的是薄膜边界弧长微元 $\mathrm{d}s$ 所受的外力, 因此 (1.100) 式中的一重积分刻画的是薄膜边界处外力对应的功率. 因此, (1.100) 式具有明确的物理意义: 系统机械能的变化率等于所有外力功的功率之和.

1.5.2 波动方程解性质分析

在本书中, 我们将重点讨论线性偏微分方程定解问题解在三方面的性质:

- 解的**存在性**(existence), 即线性偏微分方程的解是否存在;
- 解的**唯一性**(uniqueness), 即线性偏微分方程解是否唯一;
- 解的**稳定性**(stability), 即线性偏微分方程对初边值条件的误差是否敏感.

偏微分方程解的性质分析具有重要的应用意义. 这是因为, 一般情况下我们并不能求出偏微分方程解的解析表达式. 因此, 工程中一般需要借助计算机进行近似求解. 而解的存在性是数值求解的前提保证; 解的唯一性则保证了计算结果不会因计算方法不同而不一致; 解的稳定性则保证了数值逼近算法的误差不会对结果产生破坏性的影响. 当然, 偏微分方程解的其他性质也有许多学者研究与讨论, 在本书中就不做具体展开.

首先, 简要地讨论下波动方程解的存在性. 通过本章的分析, 我们知道在特定条件下, 可以得到解的解析表达式 (如达朗贝尔公式) 或其级数展开形式 (如分离变量法的结果). 直接找到满足偏微分方程定解问题的一个解的表达式是证明相应问题解存在性最直观的方法. 然而在许多情况下, 我们无法求得解的解析表达式. 此时就需要在不知道解的具体表达式的情况下通过构造来证明解的存在. 上述证明过程往往会用到一些进阶数学工具, 在本书不做展开讨论.

我们将重点讨论波动方程初边值问题 (1.95) 解的唯一性. 我们首先注意到的是, 若 $u_1(x,y;t)$ 与 $u_2(x,y;t)$ 均为方程 (1.95) 的解, 则 $v(x,y;t)=u_1-u_2$ 应该满足

$$\begin{cases} v_{tt}-a^2(v_{xx}+v_{yy})=0, \quad (x,y)\in\Omega, \quad t>0; \\ v|_{t=0}=0, \quad v_t|_{t=0}=0; \\ v|_{\partial\Omega}=0. \end{cases} \tag{1.101}$$

而证明问题 (1.95) 具有唯一解, 等价于证明问题 (1.101) 只有零解: $v\equiv 0$. 此处我们利用了波动方程可线性叠加的特点. 这也是证明线性偏微分方程唯一性的一般思路: 分析控制方程与定解条件均为齐次情形下解的性质.

问题 (1.101) 同样具有波动方程的形式, 其对应的物理过程是边界固定薄膜做自由振动. 此时由于没有外力对系统做功, 系统的总机械能应该是守恒的. 这一点也可以通过分析机械能时间变化率 (1.100) 式得到

$$\dot{\mathcal{E}}=0.$$

这就说明, 系统的能量在振动过程中始终等于初始状态的能量. 将初始条件代入能量表达式 (1.98), 我们发现, 系统的初始机械能为 0. 这就意味着

$$\mathcal{E}=\frac{1}{2}\int_{\Omega}\left[\rho v_t^2+T(v_x^2+v_y^2)\right]\mathrm{d}x\mathrm{d}y=0 \tag{1.102}$$

对任意时刻 t 均成立. 此外, 由于上式中的被积函数非负, 我们可知若 (1.102) 式成立, 需满足 $v_t=v_x=v_y=0$, 即 v 只能是常值函数. 由于 $v|_{t=0}=0$, 因此 $v\equiv 0$. 由此证明, 问题 (1.101) 只有零解. □

这里考虑的是狄利克雷型边界条件下波动方程初边值问题解的唯一型. 而其他类型边界条件下定解问题的唯一性也可以类似证明, 留作课后作业.

最后简要讨论下波动方程解的稳定性. 我们仅给出稳定性的提法. 若问题 (1.95) 的初边值条件因为某种原因 (如测量或数值近似等) 产生了某种偏差, 我们实际求解的是以下关于 $\tilde{u}$ 的方程:

$$\begin{cases} \tilde{u}_{tt}-a^2(\tilde{u}_{xx}+\tilde{u}_{yy})=f+\Delta f, \quad (x,y)\in\Omega, \quad t>0; \\ \tilde{u}|_{t=0}=\phi+\Delta\phi, \quad \tilde{u}_t|_{t=0}=\psi+\Delta\psi; \\ \tilde{u}|_{\partial\Omega}=h+\Delta h, \end{cases} \tag{1.103}$$

这里 $\Delta f, \Delta\phi, \Delta\psi$ 及 Δh 分别为外力、初始位移、初速度及边界条件与原问题的偏差. 我们希望若上述偏差趋向于 0, 则方程解的偏差 $u-\tilde{u}$ 也趋向于 0. 以上只是一个关于解稳定性的非严格的描述, 目的是帮助读者了解其实际意义. 关于波动方程稳定性更严格的提法与证明, 我们在这里暂时忽略①. 需要指出的是, 波动方程稳定性的证明依然需要使用本节推导的能量不等式.

课 后 习 题

1. 一 (非) 均匀细杆受某种外界原因而产生纵向小振动, 以 $u(x,t)$ 表示静止时在 x 点处点在时刻 t 离开原来位置的偏移. 假设弹簧沿 x 轴方向的线密度分布满足 $\rho(x)$(单位为千克/米), 其杨氏模量分布满足 $E(x)$, 且振动过程中所发生的张力服从胡克定律,

(a) 试证明 $u(x,t)$ 满足方程

$$\frac{\partial}{\partial t}\left(\rho(x)\frac{\partial u}{\partial t}\right)=\frac{\partial}{\partial x}\left(k(x)\frac{\partial u}{\partial x}\right).$$

(b) 给出以下三种情况: ① 细杆端点固定; ② 端点处自由振动; ③ 端点处连接以弹性系数为 k_1 的弹簧, 所对应的边界条件表达式.

2. 试证: 圆锥形枢轴沿垂直锥低方向的振动方程满足

$$E\frac{\partial}{\partial x}\left(\left(\frac{x}{h}\right)^2\frac{\partial u}{\partial x}\right)=\rho\left(\frac{x}{h}\right)^2\frac{\partial^2 u}{\partial t^2},$$

其中 h 为圆锥的高, E 为圆锥材料的杨氏模量.

3. 判断下列偏微分方程的阶数; 并判断其是否为线性的; 若是, 再判断其是否为齐次线性方程. 其中, u 为未知函数; x, y 或 t 为空间或时间的自变量; f, μ 为时空自变量的函数; ν, a 为常数.

(a) *伯格斯方程* (Burgers equation):

$$\frac{\partial u}{\partial t}+u\frac{\partial u}{\partial x}=\nu\frac{\partial^2 u}{\partial x^2};$$

(b) 热传导方程:

$$\frac{\partial u}{\partial t}-a^2\frac{\partial^2 u}{\partial x^2}=f(x,t);$$

(c) *双调和方程* (biharmonic equation):

$$\left(\frac{\partial^2}{\partial x^2}+\frac{\partial^2}{\partial y^2}\right)\left(\frac{\partial^2 u}{\partial x^2}+\frac{\partial^2 u}{\partial y^2}\right)=0;$$

(d) 非匀质区域内静电势控制方程:

$$\frac{\partial}{\partial x}\left(\frac{1}{\mu(x,y)}\frac{\partial u}{\partial x}\right)+\frac{\partial}{\partial y}\left(\frac{1}{\mu(x,y)}\frac{\partial u}{\partial y}\right)=0.$$

① 具体可参考《数学物理方程》(第三版), 谷超豪等, 高等教育出版社

4. 求解波动方程的初值问题:

$$
\begin{cases}
u_{tt} - a^2 u_{xx} = 0, \quad (x,t) \in \mathbb{R} \times \mathbb{R}^+; \\
u|_{t=0} = 0, \quad u_t|_{t=0} = \dfrac{1}{1+x^2}.
\end{cases}
$$

5. 给定如下方程

$$
\frac{x^2}{a^2}\frac{\partial^2 u}{\partial t^2} = \frac{\partial}{\partial x}\left[x^2 \frac{\partial u}{\partial x}\right]
$$

(a) 证明其通解可以写成

$$
u(x,t) = \frac{F(x-at)+G(x+at)}{x}
$$

的形式, 其中 $F(\cdot)$, $G(\cdot)$ 为任意的具有二阶连续导数的单变量函数.

(b) 若方程同时满足初始条件:

$$
u|_{t=0} = \phi(x), \quad \left.\frac{\partial u}{\partial t}\right|_{t=0} = \psi(x),
$$

请给出对应柯西问题解的表达式.

(c) 问初始条件 $\phi(x)$ 与 $\psi(x)$ 满足怎样的条件时, 齐次波动方程初值问题的解仅由左传播波组成?

6. 利用延拓法, 求解波动方程的古尔萨(Goursat) 问题:

$$
\begin{cases}
u_{tt} - a^2 u_{xx} = 0, \quad (x,t) \in \mathbb{R} \times \mathbb{R}^+; \\
u|_{x-at=0} = \phi(x), \quad u|_{x+at=0} = \psi(x),
\end{cases}
$$

其中 $\phi(0) = \psi(0)$.

7. 考虑弦振动方程初速度为零情形对应的柯西问题:

$$
\begin{cases}
u_{tt} - u_{xx} = 0, \quad (x,t) \in \mathbb{R} \times \mathbb{R}^+; \\
u|_{t=0} = \phi(x), \quad u_t|_{t=0} = 0,
\end{cases}
$$

设弦的初始状态满足

$$
\phi(x) = \begin{cases}
3-x, & x \in [0,3]; \\
3+x, & x \in [-3,0]; \\
0, & |x| > 3.
\end{cases}
$$

(a) 画出弦及左右传播波在 $t = 1, 2$ 时刻对应的波形.

(b) 在什么时刻左右传播波彼此不再干涉?

8. 求解

$$
\begin{cases}
u_{tt} - a^2 u_{xx} = 0, \quad (x,t) \in \mathbb{R}^+ \times \mathbb{R}^+; \\
u|_{t=0} = \phi(x), \quad u_t|_{t=0} = 0; \\
(u_x - k u_t)|_{x=0} = 0,
\end{cases}
$$

其中, k 为正常数.

9. 设弦为半无限长且其端点固定, 求解相应的振动问题:

$$\begin{cases} u_{tt} - a^2 u_{xx} = 0, \quad (x,t) \in \mathbb{R}^+ \times \mathbb{R}^+; \\ u|_{t=0} = \phi(x), \quad u_t|_{t=0} = \psi(x); \\ u|_{x=0} = 0. \end{cases}$$

10. 验证齐次化原理, 即 (1.40) 式是问题 (1.38) 的解.

11. 求解波动方程的初值问题

$$\begin{cases} \dfrac{\partial^2 u}{\partial t^2} - \dfrac{\partial^2 u}{\partial x^2} = t\cos x, \\ u\big|_{t=0} = 0, \quad \left.\dfrac{\partial u}{\partial t}\right|_{t=0} = 0. \end{cases}$$

12. 考虑弦振动方程初边值问题

$$\begin{cases} u_{tt} - a^2 u_{xx} = f(x,t), \quad (x,t) \in (0,l) \times \mathbb{R}^+; \\ u|_{t=0} = \phi(x), \quad u_t|_{t=0} = \psi(x); \\ \text{边界条件}. \end{cases}$$

如何将下述非齐次边界条件齐次化:

(a) $u_x|_{x=0} = \mu_1(t), \quad u_x|_{x=l} = \mu_2(t)$.

(b) $u|_{x=0} = \mu_1(t), \quad (u + u_x)|_{x=l} = \mu_2(t)$.

13. 用分离变量法求下列问题的解:

(a) $$\begin{cases} u_{tt} - a^2 u_{xx} = 0, \quad x \in (0,l), \quad t > 0; \\ u\big|_{t=0} = \sin\dfrac{3\pi x}{l}, \quad u_t\big|_{t=0} = x(l-x); \\ u\big|_{x=0} = u\big|_{x=l} = 0. \end{cases}$$

(b) $$\begin{cases} u_{tt} - a^2 u_{xx} = 0, \quad x \in (0,1), \quad t > 0; \\ u\big|_{t=0} = 0, \quad u_t\big|_{t=0} = x; \\ u\big|_{x=0} = 0, \quad u_x\big|_{x=1} = 0. \end{cases}$$

14. 用分离变量法求解初边值问题:

$$\begin{cases} u_{tt} - a^2 u_{xx} = g, \quad 0 < x < l, \quad t > 0; \\ u\big|_{t=0} = 0, \quad u_t\big|_{t=0} = 0; \\ u\big|_{x=0} = u\big|_{x=l} = 0 \end{cases}$$

其中 g 为常数.

15. 用分离变量法求解初边值问题:

$$\begin{cases} u_{tt} + 2bu_t - a^2 u_{xx} = 0, \quad x \in (0,1), \quad t > 0; \\ u|_{t=0} = x(1-x), \quad u_t|_{t=0} = 0; \\ u|_{x=0} = u_x|_{x=1} = 0, \end{cases}$$

其中 b 为常数, 且满足 $a > b > 0$.

16. 代入三维波动方程解的表达式 (1.87) 来求解以下柯西问题:

(a) $\begin{cases} u_{tt} - a^2(u_{xx} + u_{yy} + u_{zz}) = 0, \quad (x,y,z) \in \mathbb{R}^3, \quad t > 0; \\ u|_{t=0} = 0, \quad u_t|_{t=0} = xy + z^2 \end{cases}$

(b) $\begin{cases} u_{tt} - a^2(u_{xx} + u_{yy} + u_{zz}) = 0, \quad (x,y,z) \in \mathbb{R}^3, \quad t > 0; \\ u|_{t=0} = 2x^2 z + y^3, \quad u_t|_{t=0} = 0. \end{cases}$

17. 对于三维非齐次波动方程柯西问题:

$$\begin{cases} u_{tt} - a^2(u_{xx} + u_{yy} + u_{zz}) = f(x,y,z;t), \quad (x,y,z) \in \mathbb{R}^3, \quad t > 0; \\ u|_{t=0} = 0, \quad u_t|_{t=0} = 0, \end{cases}$$

试给出其相应的齐次化原理提法.

18. 求解非齐次方程的柯西问题:

$$\begin{cases} u_{tt} = u_{xx} + u_{yy} + u_{zz} + 4(t - z), \quad (x,y,z) \in \mathbb{R}^3, \quad t > 0; \\ u|_{t=0} = 0, \quad u_t|_{t=0} = 0. \end{cases}$$

19. 证明下列初边值问题解若存在必唯一:

$$\begin{cases} u_{tt} - a^2(u_{xx} + u_{yy}) = f(x,y;t), \quad (x,y) \in \Omega, \quad t > 0; \\ u|_{t=0} = \phi(x,y), \quad u_t|_{t=0} = \psi(x,y); \\ \left.\dfrac{\partial u}{\partial n}\right|_{\partial\Omega} = h(x,y,t). \end{cases}$$

20. 若弦振动过程所受的摩擦力与速度成正比, 则弦的垂向位移满足方程

$$u_{tt} = a^2 u_{xx} - \mu u_t,$$

其中, 常数 $\mu > 0$ 是摩擦系数. 请证明该系统的总能量是减少的, 并由此证明方程

$$u_{tt} = a^2 u_{xx} - \mu u_t + f$$

对应的初边值问题解若存在必唯一.

21. 考虑薄膜振动之第三类初边值问题

$$\begin{cases} u_{tt} - a^2(u_{xx} + u_{yy}) = 0, \quad (x,y) \in \Omega, \quad t > 0; \\ u|_{t=0} = \phi(x,y), \quad u_t|_{t=0} = \psi(x,y); \\ \left.\left(T\dfrac{\partial u}{\partial n} + \sigma u\right)\right|_{\partial\Omega} = 0, \end{cases}$$

其中 $\sigma > 0$ 是常数. 对于上述定解问题的解, 可定义能量积分

$$\mathcal{E}(t) = \frac{1}{2}\iint_{\Omega}\left[u_t^2 + a^2(u_x^2 + u_y^2)\right]\,\mathrm{d}x\mathrm{d}y + \frac{a^2}{2}\int_{\partial\Omega}\sigma u^2 \mathrm{d}s.$$

(a) 思考上述能量积分所对应的物理意义.

(b) 请证明 $\mathcal{E}(t)$ 恒为常数, 并由此证明上述定解问题解的唯一性.

第 2 章　热传导方程

本章将考虑刻画介质中热传导过程的二阶线性偏微分方程, 即热传导方程. 对于热传导方程的柯西问题, 我们将介绍一种求解无限空间内线性偏微分方程的重要方法——积分变换法. 此外, 我们将再次接触到分离变量法, 并讨论其在求解空间一维热传导方程初边值问题中的应用. 我们将进一步讨论使用分离变量法求解过程中对应关键常微分方程——*施图姆-刘维尔* (Sturm-Liouville) 型方程的数学结构与性质. 而在本章最后, 我们将介绍热传导过程的极值原理, 并利用其讨论热传导定解问题解的唯一性与稳定性.

2.1　热传导方程的导出与定解条件

2.1.1　热传导方程的导出

这里考虑三维介质内温度分布随时间演化过程的建模. 对于某材料, 设其对应于三维空间区域 $\Omega \in \mathbb{R}^3$. 这里用 $u(x,y,z;t)$ 来表示在 t 时刻空间点 (x,y,z) 处的温度. 我们的目标是推导出 u 所满足的偏微分方程.

首先列出建模过程中会使用到的物理定律. 第一是*傅里叶热传导定律* (Fourier law of heat conduction). 傅里叶热传导定律是一个基于实验观测的近似定律, 它告诉我们, 若某曲面微元的单位法向量为 $\boldsymbol{n}$, 则单位时间内沿 $\boldsymbol{n}$ 方向流过该曲面微元的热量 (用 $\mathrm{d}Q/\mathrm{d}t$ 表示) 正比于微元面积 $\mathrm{d}S$ 与温度沿 $\boldsymbol{n}$ 方向导数 $\dfrac{\partial u}{\partial n}$ 的乘积:

$$\mathrm{d}Q = -k\frac{\partial u}{\partial n}\mathrm{d}S\mathrm{d}t, \tag{2.1}$$

其中 $k(x,y,z)$ 称为*热传导系数* (heat conductivity coefficient). (2.1) 式中的符号表示热量是从高温向低温流动的. 实际上, 若将热量流动等效为某种 "流体运动", 其 " 流动速度" 可以用一个向量 $\boldsymbol{J}$ 来表示, 称为*热流通量*(heat flux), 单位是 " 焦/(米 ^{2}· 秒)". 为保证热量以最快的方式扩散, 热量是近似沿温度的负梯度方向流动, 数学上可表示为

$$\boldsymbol{J} = -k(x,y,z)\nabla u. \tag{2.2}$$

如此对于任意以 $\boldsymbol{n}$ 为法向的面积微元 $\mathrm{d}S$, 单位时间内穿过该微元的热量应该是热

流通量 $\boldsymbol{J}$ 与该 (向量) 面积微元 $\boldsymbol{n}\mathrm{d}S$ 做内积:

$$\frac{\mathrm{d}Q}{\mathrm{d}t}=\boldsymbol{J}\cdot\boldsymbol{n}\mathrm{d}S=-k\frac{\partial u}{\partial n}\mathrm{d}S.$$

上式和 (2.1) 式是一致的. 特别地, 若介质是匀质的, 热传导系数 k 取常数.

接下来考虑**比热定律** (law of heat capacity). 材料内能的变化与材料的质量和温度变化量的成正比, 比例系数称为 (质量)**比热** (heat capacity), 用 c 来表示. 比热定律的数学表达式是

$$\mathrm{d}Q=c\rho\mathrm{d}x\mathrm{d}y\mathrm{d}z\mathrm{d}u, \tag{2.3}$$

其中 ρ 表示的是材料的密度. 表 2.1 对本章将出现的主要物理量进行一个简要的总结.

表 2.1 本章主要物理量总结

符号	物理意义	量纲
x, y, z	空间变量	米
t	时间变量	秒
$u(x,y,z;t)$	温度	开尔文
$\boldsymbol{J}$	热流通量	焦/(米^2· 秒)
c	质量比热	焦/(千克 · 开尔文)
ρ	密度	千克/米^3
Q	热量	焦
ΔU	内能变化	焦
F	单位体积热源速率	焦/(米^3· 秒)

最后, 基于**热力学第一定律**(first law of thermodynamics) 建立温度 u 所满足的方程. 在没有外力功的条件下, 系统内能的变化应等于内部热源产生热量减去流出系统的热量. 这里我们引入物理量 $F(x,y,z;t)$ 来表示系统内部热源在单位时间内向系统内单位体积输送的热量, 在表 2.1 中我们简称其物理意义为 "单位体积热源速率".

考虑介质内某区域 Ω 在 (t_1,t_2) 时段内的内能变化. 根据比热定律, 该部分内能的变化为

$$\Delta\mathcal{U}=\iiint_\Omega c\rho\, u\big|_{t_1}^{t_2}\,\mathrm{d}x\mathrm{d}y\mathrm{d}z=\int_{t_1}^{t_2}\iiint_\Omega c\rho\frac{\partial u}{\partial t}\,\mathrm{d}x\mathrm{d}y\mathrm{d}z\mathrm{d}t. \tag{2.4}$$

根据傅里叶热传导定律, 在 $[t_1,t_2]$ 时段内从 Ω 边界 (沿外法向 $\boldsymbol{n}$) 流出热量为

$$\begin{aligned}\Delta Q&=\int_{t_1}^{t_2}\oint\!\!\!\oint_{\partial\Omega}-k\frac{\partial u}{\partial n}\,\mathrm{d}S\mathrm{d}t\\&=-\int_{t_1}^{t_2}\iiint_\Omega k\left(\frac{\partial^2u}{\partial x^2}+\frac{\partial^2u}{\partial x^y}+\frac{\partial^2u}{\partial z^2}\right)\mathrm{d}x\mathrm{d}y\mathrm{d}z\mathrm{d}t,\end{aligned} \tag{2.5}$$

其中, " $\oiint_{\partial\Omega}$ " 表示沿封闭曲面 $\partial\Omega$ 的积分. 上式中第二个等式的推导我们再次使用了格林公式 (1.93). 将 (2.4) 式与 (2.5) 式代入能量守恒定律得

$$\begin{aligned}&\int_{t_1}^{t_2}\iiint_{\Omega} c\rho\frac{\partial u}{\partial t}\,\mathrm{d}x\mathrm{d}y\mathrm{d}z\mathrm{d}t\\&=\int_{t_1}^{t_2}\iiint_{\Omega} k\left(\frac{\partial^2 u}{\partial x^2}+\frac{\partial^2 u}{\partial x^y}+\frac{\partial^2 u}{\partial z^2}\right)\mathrm{d}x\mathrm{d}y\mathrm{d}z\mathrm{d}t+\int_{t_1}^{t_2}\iiint_{\Omega} F\,\mathrm{d}x\mathrm{d}y\mathrm{d}z\mathrm{d}t.\end{aligned}\tag{2.6}$$

上式右端的最后一个式子表示 Ω 内部热源或汇从系统注入/吸收的热量.

对上式进行整理, 并利用 t_1, t_2 及 Ω 选取的任意性, 可得到温度 $u(x,y,z;t)$ 在任意时刻及区域内任一点上满足的偏微分方程:

$$\rho c\frac{\partial u}{\partial t}-k\left(\frac{\partial^2 u}{\partial x^2}+\frac{\partial^2 u}{\partial y^2}+\frac{\partial^2 u}{\partial z^2}\right)=F(x,y,z;t).\tag{2.7}$$

和波动方程的推导类似, 通过引入

$$a^2=\frac{k}{\rho c},\quad f=\frac{F}{\rho c},$$

我们得到**热传导方程** (heat equation) 的标准形式:

$$u_t-a^2(u_{xx}+u_{yy}+u_{zz})=f(x,y,z;t).\tag{2.8}$$

类似地, 可以给出一维热传导方程

$$u_t-a^2u_{xx}=f(x;t),\tag{2.9}$$

以及二维热传导方程

$$u_t-a^2(u_{xx}+u_{yy})=f(x,y;t).\tag{2.10}$$

2.1.2 热传导方程的定解条件

接下来讨论热传导方程的定解条件. 与波动方程类似, 热传导方程的定解问题也可以分为柯西问题和初边值问题两种情形. 柯西问题描述的是全空间内的热传导问题, 即关注区域 $\Omega=\mathbb{R}^n$, 其中 n 代表空间维度. 对于柯西问题, 我们只需给出相应的初始条件. 注意到方程 (2.8) 关于时间最高阶导数为一阶, 因此针对热传导方程, 理论上只需要提一个初始条件:

$$u|_{t=0}=\phi(x,y,z).\tag{2.11}$$

这说明, 若知道全空间初始时刻的温度分布, 则可以利用热传导方程计算出任意时刻全空间的温度分布.

当关注区域 Ω 有界时, 我们还需要给出热传导问题的边界条件. 与波动方程情形一致, 一般可以提三类边界条件.

若已知边界上的温度分布, 有

$$u|_{\partial\Omega} = h(x, y, z, t), \tag{2.12}$$

称为第一类边界条件, 或狄利克雷型边界条件. 特别地, 当 $h = 0$ 时, 得到齐次狄利克雷边界条件, 此时边界上保持恒温.

若已知边界上单位面积流出的热量, 根据傅里叶热传导定律, 有

$$-k\frac{\partial u}{\partial n}\bigg|_{\partial\Omega} = h(x, y, z, t), \tag{2.13}$$

称为第二类边界条件, 或诺伊曼型边界条件. 特别地, 当 $h = 0$ 时, 得到齐次诺伊曼边界条件系统对外是隔热的.

最后考察系统放在某种介质 (如空气、水) 中的情形. 此时我们只能测量介质的温度 (设为 u_0), 而系统边界上的准确温度我们并不知道. 此时, 需要借助另一个实验定律, 即**牛顿传热定律** (Newton's law of heat conduction): 从物体流到介质中的热量与两者在接触区域的温度差成正比, 比例系数设为 k_0. 其数学描述为

$$\mathrm{d}Q = k_0(u - u_0)\mathrm{d}S\mathrm{d}t. \tag{2.14}$$

将上式与傅里叶热传导定律 (2.1) 式联立, 得到

$$\left(k\frac{\partial u}{\partial n} + k_0 u\right)\bigg|_{\partial\Omega} = k_0 u_0.$$

上式可以进一步简化为

$$\left(\frac{\partial u}{\partial n} + \sigma u\right)\bigg|_{\partial\Omega} = h(x, y, z, t) \tag{2.15}$$

称为第三类边界条件, 或罗宾型边界条件.

2.1.3 扩散过程的数学描述

在本节最后, 我们要讨论还有哪些物理过程可以用类似 (2.8) 式的方程形式进行刻画. 考虑自然界中一种物质在介质中**扩散** (diffusion) 的过程, 例如化学物质在空气或水中的弥散或溶解, 晶体材料中点缺陷的扩散等. 尽管上述物理过程具有不同的应用背景, 但它们的演化机理却非常相似. 若要使扩散达到 "最高效率", 扩散过程应该是沿着浓度的负梯度方向发生的. 借助傅里叶热传导定律的思想, 可以再次引入 "扩散通量" $\boldsymbol{J}$, 它应该与浓度的负梯度成正比:

$$\boldsymbol{J} = -D(x, y, z)\nabla c(x, y, z; t), \tag{2.16}$$

其中, c 表示物质在介质中的浓度(concentration), 即单位体积内物质的摩尔数; D 称为扩散系数(diffusivity). 而在任意区域 Ω 内, 物质分子数目的变化应等于从 Ω 边界扩散进入的数目与 Ω 内部 (因化学反应等) 所产生/吸收的数目之和/差.

如此我们得到扩散方程:

$$\frac{\partial c}{\partial t}-\left[\frac{\partial}{\partial x}\left(D\frac{\partial c}{\partial x}\right)+\frac{\partial}{\partial y}\left(D\frac{\partial c}{\partial y}\right)+\frac{\partial}{\partial z}\left(D\frac{\partial c}{\partial z}\right)\right]=f(x,y,z), \tag{2.17}$$

其中 $(x,y,z)\in\Omega$. 上式具体的推导及扩散方程相应的定解条件, 我们留作课后作业.

特别地, 当扩散系数 D 在 Ω 内为常数时, 方程 (2.17) 与热传导方程 (2.7) 具有类似的形式 ($D=a^2$).

通过上述比较不难发现, 若物理过程是沿着某物理量的负梯度方向发生, 即沿着从高温 (浓) 度向低温 (浓) 度方向发生, 则该物理量的演化过程往往可以用热传导方程 (2.8) 的形式来描述.

2.2　柯西问题的求解与积分变换法

本节将讨论热传导方程柯西问题的求解. 我们将以空间一维问题为例:

$$\begin{cases} u_t-a^2u_{xx}=f(x,t), & (x,t)\in\mathbb{R}\times\mathbb{R}^+; \\ u|_{t=0}=\phi(x). \end{cases} \tag{2.18}$$

在此我们将介绍求解线性微分方程的两个重要工具: 卷积 (convolution) 与傅里叶变换 (Fourier transform). 我们将从齐次方程问题的讨论开始, 进一步推广到非齐次问题. 最后将给出高维热传导方程柯西问题解的表达形式.

2.2.1　卷积与傅里叶变换

1. 卷积

首先介绍卷积的概念. 对于两个定义于全空间的一元函数 $f(x)$ 和 $g(x)$, $x\in\mathbb{R}$, 它们的卷积用 $f*g$ 或 $f*g(x)$ 来表示, 具体定义为

$$f*g=\int_{-\infty}^{\infty}f(x-t)g(t)\mathrm{d}t. \tag{2.19}$$

根据定义, 卷积的输出量仍是一个函数.

例　若

$$f(x)=\begin{cases} 1, & |x|\leqslant 1; \\ 0, & |x|>1, \end{cases}\qquad g(x)=\frac{1}{\sqrt{2\pi}}\mathrm{e}^{-\frac{x^2}{2}},$$

求 $f*g$.

解 由于 f 是分段函数, 因此只有当 $t-1\leqslant x\leqslant t+1$ 时, $f(x-t)$ 取非零值. 将 f 和 g 的表达式代入 (2.19) 式, 得到

$$f*g=\frac{1}{\sqrt{2\pi}}\int_{x-1}^{x+1}\mathrm{e}^{-\frac{t^2}{2}}\mathrm{d}t.$$

注意到, $g(t)$ 实际上是标准正态分布的密度分布函数. 由此可知, $f*g=F(x+1)-F(x-1)$, 其中 $F(x)$ 是标准正态分布函数.

通过上述例子, 可以观察到卷积的几个特点. 首先, 卷积可以看作是 $f(x)$ 关于其函数值进行加权平均, 而权重分布由函数 $g(x)$ 来确定. 其次, 在上例中, $g(x)$ 是一个不连续函数, 但是经过和一个连续函数 $f(x)$ 进行卷积操作后, 得到了一个无穷次可微的函数. 换句话说, 卷积后函数的光滑性与输入函数中光滑性较好的函数一致. 此外, 利用定义还可以验证卷积具有可交换性, 即 $f*g=g*f$.

最后, 给出多元函数卷积的定义. 设 $f(\boldsymbol{r})$ 和 $g(\boldsymbol{r})$ 均为定义在整个 n 维欧氏空间中的函数, 其卷积的定义为

$$f*g(\boldsymbol{r})=\int_{\mathbb{R}^n}f(\boldsymbol{r}-\boldsymbol{s})g(\boldsymbol{s})\mathrm{d}\boldsymbol{s}. \tag{2.20}$$

式 (2.20) 是一元函数卷积定义的自然推广, 因此, 多元函数的卷积也具有上面讨论的一元函数卷积的性质.

2. 傅里叶变换

对于任意在全空间可积的一元函数 $y=f(x)$, 我们用 $\mathcal{F}[f]$ 或 $\tilde{f}$ 来表示其傅里叶变换, 其定义为

$$\mathcal{F}[f]=\int_{-\infty}^{\infty}f(x)\mathrm{e}^{-\mathrm{i}x\xi}\,\mathrm{d}x=\tilde{f}(\xi), \tag{2.21}$$

其中, i 为虚数单位, 满足 $\mathrm{i}^2=-1$. 基于上述定义, 傅里叶变换将一元函数变换为一个 (以 ξ 为自变量的) 一元函数.

傅里叶变换在信号处理中有着非常重要的作用. 我们知道, 傅里叶级数实际上是将一个代表某种信号的 (关于时间或空间的) 函数分解成一组具有三角函数形式简单信号的叠加. 简而言之, 傅里叶级数实际上是将时空域内表达信号转换成在频域 (frequency domain) 内表达的信号. 而傅里叶变换实际上可以看作是傅里叶级数的极限形式, 其具体的推导可参考本节后的预备知识. 在该预备知识中, 我们还可以看到, (2.21) 式傅里叶变换的逆变换满足

$$\mathcal{F}^{-1}[\tilde{f}]=\frac{1}{2\pi}\int_{-\infty}^{\infty}\tilde{f}(\xi)\mathrm{e}^{\mathrm{i}x\xi}\mathrm{d}\xi=f(x) \tag{2.22}$$

称为**傅里叶逆变换** (inverse Fourier transform).

接下来介绍傅里叶变换的一些性质, 它们将在后续解方程过程中发挥重要作用.

(1) **线性性质:** 若 α, β 为两个复常数; $f(x)$ 和 $g(x)$ 为两个可积函数, 则有

$$\mathcal{F}[\alpha f+\beta g]=\alpha\mathcal{F}[f]+\beta\mathcal{F}[g]. \tag{2.23}$$

(2) **微分性质:**

$$\mathcal{F}[f']=\mathrm{i}\xi\mathcal{F}[f] \tag{2.24}$$

(3) **与卷积相关性质:** 卷积的傅里叶变换等于两函数分别做傅里叶变换后的乘积, 即

$$\mathcal{F}[f*g]=\mathcal{F}[f]\cdot\mathcal{F}[g]. \tag{2.25}$$

这里给出上述性质 (3) 的简单证明. 将卷积表达式 (2.19) 代入傅里叶变换的表达式 (2.21) 中, 并引入坐标变换 $s=x-t$, 可得

$$\begin{aligned}\mathcal{F}[f*g]&=\int_{-\infty}^{+\infty}\int_{-\infty}^{+\infty}\mathrm{e}^{-\mathrm{i}x\xi}f(x-t)g(t)\mathrm{d}t\mathrm{d}x=\int_{-\infty}^{+\infty}\int_{-\infty}^{+\infty}\mathrm{e}^{-\mathrm{i}(s+t)\xi}f(s)g(t)\mathrm{d}t\mathrm{d}s\\&=\int_{-\infty}^{+\infty}\mathrm{e}^{-\mathrm{i}s\xi}f(s)\mathrm{d}s\cdot\int_{-\infty}^{+\infty}\mathrm{e}^{-\mathrm{i}t\xi}g(t)\mathrm{d}t=\mathcal{F}[f]\cdot\mathcal{F}[g].\end{aligned}$$

傅里叶逆变换也具有上述类似的性质, 在这里就不给出具体的表达式.

这里也给出 n 元函数 $f(\boldsymbol{r})$ 对应的傅里叶变换表达式:

$$\mathcal{F}[f]=\int_{\mathbb{R}^n}f(\boldsymbol{r})\mathrm{e}^{-\mathrm{i}\boldsymbol{r}\cdot\boldsymbol{\xi}}\,\mathrm{d}\boldsymbol{r}=\tilde{f}(\boldsymbol{\xi}), \tag{2.26}$$

其中 $\boldsymbol{r}\cdot\boldsymbol{\xi}$ 表示 n 维欧氏空间中两个向量做内积. 相应的傅里叶逆变换表达式为

$$\mathcal{F}^{-1}[\tilde{f}]=\frac{1}{(2\pi)^n}\int_{\mathbb{R}^n}\tilde{f}(\boldsymbol{\xi})\mathrm{e}^{\mathrm{i}\boldsymbol{r}\cdot\boldsymbol{\xi}}\mathrm{d}\xi=f(\boldsymbol{r}). \tag{2.27}$$

一些常用函数的傅里叶变换与逆变换可参考本节预备知识中的表 2.2.

2.2.2　热传导方程柯西问题的求解

先考虑齐次方程与非齐次初始条件的情形:

$$\begin{cases}u_t-a^2u_{xx}=0, & (x,t)\in\mathbb{R}\times\mathbb{R}^+;\\ u|_{t=0}=\phi(x).\end{cases} \tag{2.28}$$

首先, 对问题 (2.28) 中的方程两边关于空间自变量 x 做傅里叶变换, 有

$$\mathcal{F}[u_t]-a^2\mathcal{F}[u_{xx}]=0, \tag{2.29}$$

这里我们用到了傅里叶变换的线性性质 (2.23) 式. 根据傅里叶变换的微分性质 (2.24) 式, 上式可以进一步改写为

$$\mathcal{F}[u_t] + a^2\xi^2\mathcal{F}[u] = 0.$$

由于上式是关于空间自变量 x 做傅里叶变换, 应该有 $\mathcal{F}[u_t] = \dfrac{\mathrm{d}}{\mathrm{d}t}\mathcal{F}[u]$. 于是上式可转化为

$$\frac{\mathrm{d}\mathcal{F}[u]}{\mathrm{d}t} + a^2\xi^2\mathcal{F}[u] = 0. \tag{2.30}$$

类似地, 对问题 (2.28) 中的初始条件两边关于 x 做傅里叶变换得到

$$\mathcal{F}[u]|_{t=0} = \mathcal{F}[\phi](\xi). \tag{2.31}$$

经过傅里叶变换, 原来含有偏微分方程的问题 (2.28) 被转化为一个 $\mathcal{F}[u]$ 关于时间自变量 t 的常微分方程 (2.30), 其初始条件由 (2.31) 式给出. 而傅里叶变换引入的自变量 ξ 仅仅作为常微分方程的一个参数. 因此,

$$\mathcal{F}[u] = \mathcal{F}[\phi](\xi)\cdot \mathrm{e}^{-a^2\xi^2 t}. \tag{2.32}$$

若上式右端项的第二个因子存在关于 ξ 傅里叶逆变换 $h(x,t)$, 即

$$\mathcal{F}^{-1}[\mathrm{e}^{-a^2\xi^2 t}] = h(x,t), \tag{2.33}$$

则利用傅里叶变换卷积的性质 (2.25) 式, (2.32) 式可转化为

$$\mathcal{F}[u] = \mathcal{F}[\phi * h]. \tag{2.34}$$

对上式两边同时做傅里叶逆变换, 即可得到 $u(x,t)$ 的表达式:

$$u(x,t) = \phi * h = \int_{-\infty}^{\infty}\phi(s)h(x-s,t)\mathrm{d}s \tag{2.35}$$

这里使用了 (2.19) 式给出的卷积定义.

因此, 若要给出 $u(x,t)$ 的具体表达式, 我们需要求解 (2.33) 式中的傅里叶逆变换. 傅里叶逆变换中积分的计算由于涉及复函数的积分, 在这里就不作重点讨论. 通过查本节后预备知识中的表 2.2 可知

$$h(x,t) = \mathcal{F}^{-1}[\mathrm{e}^{-a^2\xi^2 t}] = \frac{1}{2a\sqrt{\pi t}}\mathrm{e}^{-\frac{x^2}{4a^2 t}}.$$

不难发现, $h(x,t)$ 可以看作是关于 x, 以 0 为期望, $a\sqrt{2t}$ 为方差的正态分布密度函数. 将上式代入 (2.35) 式, 得到问题 (2.28) 解的表达式:

$$u(x,t) = \frac{1}{2a\sqrt{\pi t}}\int_{-\infty}^{\infty}\phi(s)\mathrm{e}^{-\frac{(x-s)^2}{4a^2 t}}\mathrm{d}s. \tag{2.36}$$

严格意义上讲, (2.36) 式只是求得问题 (2.28) 解的形式表达式. 我们还需要进行两点验证.

首先, 必须保证 $u(x,t)$ 对于任意 $x\in\mathbb{R}$ 及 $t>0$ 均有定义. 这就要求 (2.36) 式中的积分式对于任意 (x,t) 必须一致收敛. 若 $\phi(x)$ 有界, 即 $|\phi(x)|\leqslant M$, 代入 (2.36) 式有

$$|u(x,t)|\leqslant M\cdot\frac{1}{2a\sqrt{\pi t}}\int_{-\infty}^{\infty}\mathrm{e}^{-\frac{(x-s)^2}{4a^2t}}\mathrm{d}s=M.$$

这表明对于任意 $(x,t)\in\mathbb{R}\times\mathbb{R}^+$, (2.36) 式中的被积函数的绝对值恒小于一个绝对可积的函数. 因此, (2.36) 式中的积分表达式绝对收敛.

其次, 还需要验证 (2.36) 式满足柯西问题 (2.28). 不难验证, 利用积分和求导的可交换性, (2.36) 式满足齐次热传导方程. 同样还需要验证 (2.28) 式满足初始条件. 这里需要说明的是, 由于 t 出现在 (2.36) 式的分母上, 我们无法直接代入 $t=0$ 来求得对应 $u|_{t=0}$ 的表达式. 因此, 要验证 (2.36) 式满足柯西问题 (2.28) 的初始条件, 需要证明

$$\lim_{t\to 0^+}u(x,t)=\phi(x).$$

证明上述表达式需要使用 ϵ-δ 语言, 这里我们忽略具体证明过程.

对于高维空间热传导方程的柯西问题

$$\begin{cases}u_t-a^2(u_{xx}+u_{yy}+u_{zz})=0, & (x,y,z)\in\mathbb{R}^3,\quad t>0;\\ u|_{t=0}=\phi(x,y,z),\end{cases}\tag{2.37}$$

也可以基于傅里叶变换的方法得到其解的表达式：

$$u(x,y,z;t)=\frac{1}{(2a\sqrt{\pi t})^3}\iiint_{\mathbb{R}^3}\phi(s_1,s_2,s_3)\mathrm{e}^{-\frac{(x-s_1)^2+(y-s_2)^2+(z-s_3)^2}{4a^2t}}\mathrm{d}s_1\mathrm{d}s_2\mathrm{d}s_3.\tag{2.38}$$

具体推导过程我们暂时略过.

热传导方程柯西问题的齐次化原理

最后, 讨论如何求解含有非齐次热传导方程柯西问题：

$$\begin{cases}u_t-a^2u_{xx}=f(x,t), & (x,t)\in\mathbb{R}\times\mathbb{R}^+;\\ u|_{t=0}=0.\end{cases}\tag{2.39}$$

类似地, 可以给出热传导方程柯西问题的齐次化原理.

齐次化原理　若 $W(x,t,\tau)$ 满足方程

$$\begin{cases}W_t-a^2W_{xx}=0, & (x,t)\in\mathbb{R}\times\mathbb{R}^+;\\ W|_{t=\tau}=f(x,\tau)\end{cases}\tag{2.40}$$

则

$$u(x,t)=\int_0^t W(x,t,\tau)\mathrm{d}\tau \tag{2.41}$$

是问题 (2.39) 的解.

对比问题 (2.28) 解的表达式 (2.36), 我们可以给出满足问题 (2.40) 解的表达式:

$$W(x,t;\tau)=\frac{1}{2a\sqrt{\pi(t-\tau)}}\int_{-\infty}^{+\infty} f(s,\tau)\mathrm{e}^{-\frac{(x-s)^2}{4a^2(t-\tau)}}\mathrm{d}s. \tag{2.42}$$

代入 (2.41) 式中可以得到问题 (2.39) 解的表达式:

$$u(x,t)=\int_0^t \frac{1}{2a\sqrt{\pi(t-\tau)}}\int_{-\infty}^{+\infty} f(s,\tau)\mathrm{e}^{-\frac{(x-s)^2}{4a^2(t-\tau)}}\mathrm{d}s\mathrm{d}\tau. \tag{2.43}$$

2.2.3 柯西问题解性质分析

首先考虑柯西问题 (2.28) 的一个算例, 假设初始条件满足

$$\phi(x)=\begin{cases}1, & 0<x<1;\\ 0, & \text{其他情形}.\end{cases}$$

这表明在初始时刻, 高温区间 $[0,1]$ 内 $u=1$, 而空间其他位置则处于低温状态 $u=0$. 将该初始条件代入 (2.36) 式发现对应的温度时空分布满足

$$u(x,t)=\frac{1}{2a\sqrt{\pi t}}\int_0^1 \mathrm{e}^{-\frac{(x-s)^2}{4a^2t}}\mathrm{d}s. \tag{2.44}$$

图 2.1 给出了不同时刻下温度分布. 伴随着冷热区域的热交换, 系统的温度逐渐趋向于恒温状态.

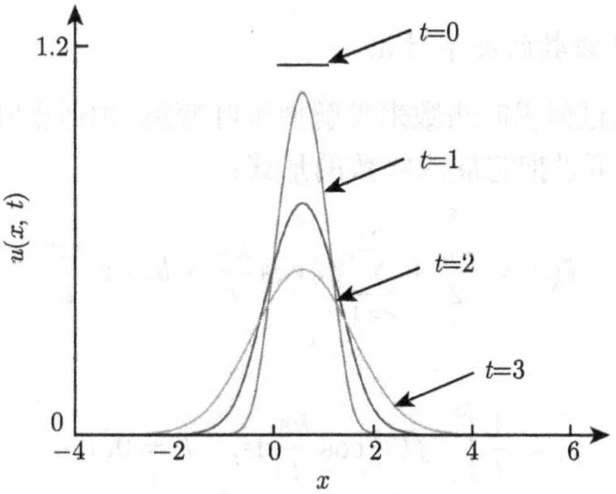

图 2.1 传热过程示意图, $a=0.2$

接下来讨论热传导方程对热量传播速度的刻画. 根据 1.4.3 小节的讨论我们知道, 波动方程描述物理过程中初始时刻的信息是以有限速度传播的, 可以用空间中任意一点的影响区域来刻画. 例如, 对于薄膜振动方程, 初始时位于空间点 $\boldsymbol{r}$ 的信息, 在 t 时刻只会影响以 $\boldsymbol{r}$ 为圆心, at 为半径的圆以内点上的函数值, 而该圆称为 $\boldsymbol{r}$ 所对应的波阵面. 类比考察热传导方程对应物理过程空间位置点的影响区域. 由 (2.36) 式我们发现, 对于任意 $t>0$ 的时刻, 被积函数的指数函数部分均大于零. 这表明, 初始时刻在空间中任意一点的温度状态, 在任意 $t>0$ 时刻会影响到空间中任何一点的温度状态. 也就是说, 在热传导方程所刻画的物理过程中, 空间任意一点的影响区域都是整个实数域. 这也是热传导方程与波动方程所刻画物理过程的一个重要区别.

然而, 从物理视角看, 热量的传播速度不可能无限大. 这是因为热传导方程是基于近似物理定律 (傅里叶热传导定律) 推导出来的, 因此其描述的物理过程只是对真实物理过程的一个近似. 但该近似从工程计算精度上看却是非常高的. 这是因为负指数函数衰减到零的速度是极快的. 因此, 当离初始热源有一段距离时, 尽管该热源的温度在极短的时间内就会对观测点的温度产生影响, 但只是负指数量级的, 完全可以忽略不计.

最后讨论下热传导问题解关于时间的衰减性. 对于空间一维柯西问题, 当 $t\to\infty$ 时, 可以证明

$$|u(x,t)|\leqslant Ct^{-\frac{1}{2}}, \tag{2.45}$$

其中 C 为一常数. 上式说明, 一维柯西问题系统的最高温度是以负幂次数 $t^{-\frac{1}{2}}$ 衰减的.

预备知识

傅里叶变换与傅里叶级数的关系讨论

下面介绍如何通过傅里叶级数来理解傅里叶变换. 由傅里叶级数可以知道 $(-l,l)$ 区间内的周期函数, 可以把它展成级数的形式:

$$f(x)=\frac{a_0}{2}+\sum_{k=1}^{\infty}a_k\cos\frac{kx}{l}+b_k\sin\frac{kx}{l}, \tag{2.46}$$

其中

$$a_k=\frac{1}{l}\int_{-l}^{l}f(s)\cos\frac{ks}{l}\mathrm{d}s,\quad k=0,1,\cdots \tag{2.47}$$

$$b_k=\frac{1}{l}\int_{-l}^{l}f(s)\sin\frac{ks}{l}\mathrm{d}s,\quad k=1,2,\cdots. \tag{2.48}$$

傅里叶级数的一个特点是: $\cos\dfrac{kx}{l}$ 和 $\sin\dfrac{kx}{l}$ 在区间 $[-l,l]$ 内均为周期函数.

将 (2.47) 式和 (2.48) 式代入 (2.46) 式, 可以得到

$$\begin{aligned} f(x) &\sim \frac{a_0}{2}+\frac{1}{l}\sum_{k=1}^{\infty}\int_{-l}^{l} f(s)\left(\cos\frac{ks}{l}\cos\frac{kx}{l}+\sin\frac{ks}{l}\sin\frac{kx}{l}\right)\mathrm{d}s \\ &\sim \frac{1}{2l}\int_{-l}^{l} f(s)\mathrm{d}s+\sum_{k=1}^{\infty}\int_{-l}^{l} f(s)\cos\frac{k\pi(s-x)}{l}\mathrm{d}s. \end{aligned} \tag{2.49}$$

下面我们考虑 $l\to\infty$ 的情况. 首先由于 $\displaystyle\int_{-l}^{l} f(s)\mathrm{d}s$ 是一个有限的数, 因此当 $l\to\infty$ 时上式右端的第一项趋近于 0. 此时令 $\dfrac{k\pi}{l}=\xi_k$, $\dfrac{\pi}{l}=\Delta\xi$ $(\Delta\xi\to 0)$, 则上式可以转化为

$$f(x)\sim\lim_{\Delta\xi\to 0}\frac{\Delta\xi}{\pi}\sum_{k=1}^{\infty}\int_{-\infty}^{+\infty} f(s)\cos\left[\xi_k(s-x)\right]\mathrm{d}s.$$

上式的无限微元求和实际上可以看作是一个黎曼和(Riemann sum) 的形式, 即可以看作将 $\xi\in(0,\infty)$ 分为无限多个长度为 $\Delta\xi$ 的微段, 而在第 k 个微段内我们取 $\xi=\xi_k$ 为代表元. 因此, 上式的无限求和可以写成如下定积分形式:

$$\begin{aligned} f(x) &= \frac{1}{\pi}\int_{0}^{+\infty}\int_{-\infty}^{+\infty} f(s)\cos\left[\xi(s-x)\right]\mathrm{d}s\mathrm{d}\xi \\ &= \frac{1}{2\pi}\int_{-\infty}^{+\infty}\int_{-\infty}^{+\infty} f(s)\cos\left[\xi(s-x)\right]\mathrm{d}s\mathrm{d}\xi, \end{aligned}$$

上式最后一个等式用到 $\cos\left[\xi(s-x)\right]$ 对于任意 $s-x$ 都是关于变量 ξ 的偶函数之性质.

由于 $\sin\left[\xi(x-s)\right]$ 是关于 ξ 的奇函数, 所以在 $\xi\in(-\infty,+\infty)$ 的区间内积分为 0, 则上述积分式可以进一步写成

$$\begin{aligned} f(x) &= \frac{1}{2\pi}\int_{-\infty}^{+\infty}\int_{-\infty}^{+\infty} f(s)\left(\cos\xi(s-x)-\mathrm{i}\sin\xi(s-x)\right)\mathrm{d}s\mathrm{d}\xi \\ &= \frac{1}{2\pi}\int_{-\infty}^{+\infty}\mathrm{e}^{\mathrm{i}\xi x}\int_{-\infty}^{+\infty} f(s)\mathrm{e}^{-\mathrm{i}\xi s}\,\mathrm{d}s\mathrm{d}\xi. \end{aligned} \tag{2.50}$$

若引入

$$\tilde{f}(\xi)=\int_{-\infty}^{+\infty} f(s)\mathrm{e}^{-\mathrm{i}\xi s}\,\mathrm{d}s,$$

对比上式与 (2.21) 式发现, $\tilde{f}(\xi)$ 正是 $f(x)$ 的傅里叶变换. 而将上式代回 (2.50) 式中有

$$f(x)=\frac{1}{2\pi}\int_{-\infty}^{+\infty}\mathrm{e}^{\mathrm{i}\xi x}\tilde{f}(\xi)\mathrm{d}\xi.$$

上式中的操作实际上将 $f(x)$ 的傅里叶变换映射回 $f(x)$. 这便是傅里叶逆变换的定义, 即 (2.22) 式.

表 2.2 中列举了一些常用函数的傅里叶变换.

表 2.2 常见函数的傅里叶变换

$f(x)$	$\mathcal{F}[f](\xi)$
1	$\delta(\xi)$
$\mathrm{e}^{-a\|x\|},\ a>0$	$\dfrac{2a}{a^2+\xi^2}$
$\cos(ax)$	$\pi\left[\delta(\xi-a)+\delta(\xi+a)\right]$
$\sin(ax)$	$\mathrm{i}\pi\left[\delta(\xi-a)+\delta(\xi+a)\right]$
$\dfrac{1}{\sqrt{2\pi\sigma}}\mathrm{e}^{-\frac{x^2}{2\sigma^2}}$	$\mathrm{e}^{-\frac{\xi^2\sigma^2}{2}}$
$\dfrac{1}{x^2+a^2},\ a\in\mathbb{R}\backslash\{0\}$	$-\dfrac{\pi}{a}\mathrm{e}^{a\|\xi\|}$
$\delta(x)$	1

注: 其中 $\boldsymbol{\delta(\cdot)}$ 表示狄拉克函数, 详细内容可参考本书 3.6 节的讨论

2.3 分离变量法

本节将使用 1.3 节所介绍的分离变量法求解空间一维的热传导方程初边值问题, 其一般形式可表达为

$$\begin{cases} u_t-a^2u_{xx}=f(x,t), \quad (x,t)\in(0,l)\times\mathbb{R}^+; \\ u|_{t=0}=\phi(x); \\ u|_{x=0}=\mu_1(t), \quad \left.\left(\dfrac{\partial u}{\partial x}+hu\right)\right|_{x=l}=\mu_2(t). \end{cases} \tag{2.51}$$

这里与 1.3 节的情形不同的是, 我们将考虑第一类与第三类边界条件混合的情形. 问题 (2.51) 中的方程、初始条件及边界条件均为非齐次. 由于总可以类似 1.3 节的讨论通过叠加一个非齐次边界的插值函数将边界条件齐次化, 因此我们只需先讨论齐次控制方程配合非齐次初始条件及齐次边界条件问题的求解, 接下来将研究非齐次方程做对应的齐次化原理即可.

2.3.1 热传导方程初边值问题的分离变量法

首先考虑齐次控制方程配合非齐次初始条件及齐次边界条件的热传导问题求解, 其一般形式可表达为

$$\begin{cases} u_t - a^2 u_{xx} = 0, \quad (x,t) \in (0,l) \times \mathbb{R}^+; \\ u|_{t=0} = \phi(x); \\ u|_{x=0} = 0, \quad \left.\left(\dfrac{\partial u}{\partial x} + hu\right)\right|_{x=l} = 0. \end{cases} \tag{2.52}$$

设问题 (2.52) 的解具有关于时空自变量一元函数相乘形式：

$$u(x,t) = X(x)T(t). \tag{2.53}$$

代入问题 (2.52) 中的控制方程可得

$$\frac{T'}{a^2T} = \frac{X''}{X} = -\lambda,$$

其中, λ 为待定常数. 上式可进一步化为两个一元函数 $T(t)$ 与 $X(x)$ 所满足的常微分方程：

$$T' + a^2\lambda T = 0; \tag{2.54a}$$

$$X'' + \lambda X = 0. \tag{2.54b}$$

将方程 (2.54b) 与齐次边界条件联立可得 $X(x)$ 满足的定解问题：

$$\begin{cases} X'' + \lambda X = 0, \\ X|_{x=0} = 0, \quad \left.\left(X' + hX\right)\right|_{x=l} = 0. \end{cases} \tag{2.55}$$

类似 1.3 节的讨论, $X(x)$ 通解的形式与 λ 的符号选取有关. 当 $\lambda < 0$ 时, 我们可以类似 1.3 节的思路证明, 问题 (2.55) 只有平凡解, 即 $X \equiv 0$.

当 $\lambda = 0$ 时, 方程 (2.55) 的通解为 $X(x) = A + Bx$, 其中 A 和 B 为待定常数. 代入边界条件, 由于 $h > 0$, 我们可得 $A = B = 0$, 即只有平凡解.

当 $\lambda > 0$ 时, 问题 (2.55) 中控制方程的通解为

$$X(x) = A\cos\sqrt{\lambda}x + B\sin\sqrt{\lambda}x.$$

代入 $x = 0$ 处的边界条件有 $A = 0$, 再代入 $x = l$ 处的边界条件有

$$B\left(\sqrt{\lambda}\cos\sqrt{\lambda}l + h\sin\sqrt{\lambda}l\right) = 0. \tag{2.56}$$

我们关注非平凡解的表达式, 因此需要寻找特定的 λ 值使得 (2.56) 式中括号内的因子等于 0, 从而有

$$\tan\sqrt{\lambda}l = -\frac{\sqrt{\lambda}}{h}. \tag{2.57}$$

上述方程等价于关于未知量 $z=\sqrt{\lambda}$ 的方程

$$\tan zl = -\frac{z}{h}. \tag{2.58}$$

尽管上述超越方程很难解析求解, 但可以其对应 z-w 平面内的图像来了解其解的一些性质. 如图 2.2 所示, z-w 平面内两条曲线 $w=\tan zl$ 与 $w=-z/h$ 交点处的 z 坐标值即为方程 (2.58) 的解.

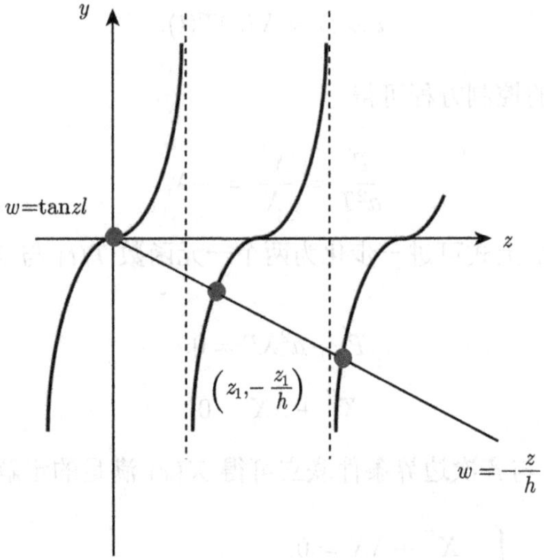

图 2.2 超越方程的解的分布示意图

我们基于图 2.2 有如下观察:

• 曲线 $w=\tan zl$ 与 $w=-z/h$ 在 $z>0$ 时有无穷多个交点, 若我们用 z_k, $k=1,2,\cdots$ 来表示对应交点的横坐标, 则 $z_1, z_2, \cdots$ 均为超越方程 (2.58) 的解.

• 从 $z=\dfrac{\pi}{2l}$ 开始, $w=\tan zl$ 的每个周期中存在唯一的 z_k, 即

$$\left(k-\frac{1}{2}\right)\frac{\pi}{l} \leqslant z_k \leqslant \left(k+\frac{1}{2}\right)\frac{\pi}{l}. \tag{2.59}$$

• 当 k 充分大时, z_k 无限接近 $\dfrac{(2k-1)\pi}{2l}$.

对比 (2.57) 式与 (2.58) 式可知, $\lambda=\lambda_k=z_k^2$, $k=1,2,\cdots$ 均为方程 (2.57) 的解. 这里称 $\lambda_1, \lambda_2, \cdots$ 为问题 (2.55) 的本征值.

因此, 尽管无法得到 λ_k 的表达式, 我们依然可以基于上述分析并利用计算机近似求得 λ_k 的值. 将 $\lambda=\lambda_k$ 代入问题 (2.55) 的控制方程中, 得到其对应的一个非平凡解:

$$X_k(x)=\sin\sqrt{\lambda_k}x, \quad k=1,2,\cdots, \tag{2.60}$$

其中, $X_k(x)$ 称为本征值 λ_k 对应的本征函数.

接下来求解含时间变量的一元函数. 将 $\lambda = \lambda_k$ 代入方程 (2.54a) 有

$$T_k' + a^2\lambda_k T_k = 0. \tag{2.61}$$

其通解表达式为 $T_k(t) = A_k \mathrm{e}^{-a^2\lambda_k t}$. 因此问题 (2.52) 的解可以表达为级数的形式:

$$u(x,t) = \sum_{k=1}^{\infty} T_k(t)X_k(x) \sim \sum_{k=1}^{\infty} A_k \mathrm{e}^{-a^2\lambda_k t} \sin\sqrt{\lambda_k}x. \tag{2.62}$$

与 1.3 节的情形类似, 若上述级数展开有意义, A_k 的取值必须保证相应的级数对于任意 $x \in (0,l)$ 和 $t > 0$ 是一致收敛的. 这里我们依然首先假设上述级数具有一致收敛性, 在推导出对应 A_k 的表达式以后, 再讨论其收敛性.

要决定系数 A_k, 带入初始条件有

$$\phi(x) = \sum_{k=1}^{\infty} A_k \sin\sqrt{\lambda_k}x. \tag{2.63}$$

这里与 1.3 节不同的是, 受 λ_k 取值的影响, 空间区域 $(0,l)$ 不再是特征函数的半周期, 因此无法直接使用傅里叶级数的方法. 其背后的原因是第三类边界条件的影响. 但我们依然可以借助利用特征函数正交性来求解傅里叶级数系数的思想, 即通过被展开函数与特征函数在区间 $(0,l)$ 内做定积分的方法来确定 A_k 的表达式.

将 (2.63) 式两边同乘以 $\sin\sqrt{\lambda_j}x$ 后关于 x 在区域 $(0,l)$ 内积分得到

$$\int_0^l \phi(x)\sin\sqrt{\lambda_j}x\mathrm{d}x = \sum_{k=1,k\neq j}^{\infty} A_k \int_0^l \sin\sqrt{\lambda_k}x \sin\sqrt{\lambda_j}x\,\mathrm{d}x + A_j \int_0^l \sin^2\sqrt{\lambda_j}x\,\mathrm{d}x, \tag{2.64}$$

这里利用了一致收敛的假设, 即积分号与求和号可以交换.

若可以证明, 当 $k \neq j$ 时恒成立

$$\int_0^l \sin\sqrt{\lambda_k}x \sin\sqrt{\lambda_j}x\,\mathrm{d}x = 0, \tag{2.65}$$

则 (2.64) 式中的求和项化为 0. 于是我们就可以给出 (2.62) 式中级数第 j 项系数 A_j 的表达式:

$$A_j = \frac{1}{M_j}\int_0^l \phi(x)\sin\sqrt{\lambda_j}x\mathrm{d}x, \tag{2.66}$$

其中, M_j 称为特征函数 X_j 的模值:

$$M_j = \int_0^l \sin^2\sqrt{\lambda_j}x\,\mathrm{d}x. \tag{2.67}$$

若特征函数之间满足 (2.65) 式, 则称特征函数是彼此正交的. 而由该特征函数组成的集合, 称为一组正交特征函数系. 接下来我们将证明 $\{X_k(x)=\sin\sqrt{\lambda_k}x, k=1,2,\cdots\}$ 为一组正交特征函数系.

对于任意两个特征函数 $X_k(x)$ 和 $X_j(x)$, $k\neq j$, 由 (2.55) 式知, 它们分别满足

$$X_k''+\lambda_kX_k=0,\quad X_j''+\lambda_jX_j=0.$$

将上面第一式两边乘以 X_j 后关于 $x\in(0,1)$ 积分有

$$\begin{aligned}0&=\int_0^l(X_jX_k''+\lambda_kX_kX_j)\mathrm{d}x\\&=X_j(l)X_k'(l)-X_j(0)X_k'(0)-\int_0^lX_j'X_k'\,\mathrm{d}x+\lambda_k\int_0^lX_kX_j\,\mathrm{d}x,\end{aligned}$$

其中第二个等式用到了分部积分公式. 对于 X_j 所满足的方程也可以做类似处理, 即两边乘以 X_k 后在分部积分:

$$X_j'(l)X_k(l)-X_j'(0)X_k(0)-\int_0^lX_j'X_k'\,\mathrm{d}x+\lambda_j\int_0^lX_kX_j\,\mathrm{d}x=0.$$

将上面两式相减并化简得到

$$(\lambda_k-\lambda_j)\int_0^lX_kX_j\,\mathrm{d}x=[X_k(l)X_j'(l)-X_j(l)X_k'(l)]+\left[X_j(0)X_k'(0)-X_k(0)X_j'(0)\right].\tag{2.68}$$

利用问题 (2.55) 中在 $x=0$ 处的边界条件, 即 $X_j(0)=0$ 和 $X_k(0)=0$, 可知上式右端项的第二个括号内项为 0. 再利用方程 (2.55) 在 $x=l$ 处的边界条件, 即 $X_j'(l)=-hX_j(l)$ 和 $X_k'(l)=-hX_k(l)$, (2.68) 式右端的第一项也为零. 由于当 $k\neq l$ 时, $\lambda_k\neq\lambda_j$, 特征函数系 $\{X_k(x),k=1,2,\cdots\}$ 的正交性, 即 (2.65) 式得证.

最后考虑对级数的系数表达式 (2.66) 进行化简. 首先计算特征函数的模值 (2.67):

$$\begin{aligned}M_k&=\int_0^l\sin^2\sqrt{\lambda_k}x\mathrm{d}x=\frac{1}{2}\int_0^l1-\cos(2\sqrt{\lambda_k}x)\,\mathrm{d}x\\&=\frac{l}{2}-\frac{\sin(2\sqrt{\lambda_k}l)}{4\sqrt{\lambda_k}}=\frac{l}{2}-\frac{1}{4\sqrt{\lambda_k}}\cdot\frac{2\tan\sqrt{\lambda_k}l}{1-\tan^2\sqrt{\lambda_k}l}\\&=\frac{l}{2}+\frac{h}{2(h^2+\lambda_k)},\end{aligned}\tag{2.69}$$

其中最后一步等式利用了 (2.57) 式, 即 $\tan\sqrt{\lambda_k}=-\sqrt{\lambda_k}l/h$.

将 (2.69) 式代入 (2.66) 式, 并将下标由 j 换成 k, 就得到

$$A_k=\frac{1}{M_k}\int_0^l\phi(x)\sin\sqrt{\lambda_k}x\mathrm{d}x.\tag{2.70}$$

而问题 (2.52) 的解可以由级数

$$u(x,t)=\sum_{k=0}^{\infty}A_k\mathrm{e}^{-a^2\lambda_k t}\sin\sqrt{\lambda_k}x \tag{2.71}$$

来表达.

关于 (2.71) 式中级数形式解我们有如下两点讨论. 首先, 可以证明上述级数在 $(0,1)\times\mathbb{R}^+$ 区间内是一致收敛的, 证明过程这里忽略. 其次, 虽然无法给出本征值 λ_k 的解析表达式, 但基于上面分析 λ_k 的三条性质, 可以数值求解出 λ_k 的近似值. 由于 (2.71) 式中级数是一致收敛的, 因此可以通过有限项求和来逼近 $u(x,t)$, 并不需要得到所有 λ_k 的近似值.

类似于 2.3 节中的 (2.45) 式, 我们考虑初边值问题 (2.52) 解的长时行为. 当 $t\to\infty$ 时, 从级数表达式 (2.71) 可以看到

$$|u(x,t)|\leqslant C\mathrm{e}^{-a^2\lambda_1 t}.$$

说明在边界处保持恒定低温时, 系统的最高温度则是以指数速度衰减的, 这远快于 (2.45) 式所描述的柯西问题的情形.

2.3.2 施图姆–刘维尔型方程及其性质

将本节针对热传导方程与 1.3 节针对波动方程的分离变量法对比, 我们总结出分离变量法的一般求解思路:

(1) 假设可分离变量形式 [(2.53) 式] 将初边值问题 [(2.52) 式] 中的控制方程解耦为若干个常微分方程 [(2.54a) 和 (2.54b) 式].

(2) 代入齐次边界条件求解空间方程 [(2.55) 式] 所对应的特征值与特征向量.

(3) 代入本征值求解时间方程 [(2.61) 式].

(4) 将原方程的解表达为级数展开的形式 [(2.62) 式], 并利用特征函数的正交性 [(2.65) 式] 确定级数的系数 [(2.70) 式].

根据上述总结, 分离变量法的关键是能否求出空间常微分方程定解问题对应的特征值 λ_k, 以及其所对应的正交特征函数系. 事实上, 特征函数的正交性并非仅局限于本节所讨论的方程 (2.55), 而是**施图姆–刘维尔型常微分方程**共有的性质.

考虑具有如下形式的关于 $y=y(x)$ 的二阶线性常微分方程

$$\frac{\mathrm{d}}{\mathrm{d}x}\left(k(x)\frac{\mathrm{d}y}{\mathrm{d}x}\right)-q(x)y(x)+\lambda\rho(x)y(x)=0,\quad x\in(a,b), \tag{2.72}$$

其中, 对于任意 $x\in(a,b)$ 有 $k(x)>0, q(x)\geqslant 0, \rho(x)>0$. 我们将具有 (2.72) 式形式且满足 $k(x)$, $q(x)$, $\rho(x)$ 相应符号要求的二阶常微分方程称为施图姆–刘维尔型方程.

上述二阶常微分方程需要在 $x=a$ 与 $x=b$ 处各提一个边界条件. **需要指出的是, 这里边界条件的提法与 $k(x)$ 在边界点的取值有关.** 若 $k(a)=0$, 弹簧失去其弹性刚度, 因而在 $x=a$ 处无需提边界条件, 只需保证

$$|y(a)|<\infty, \text{当} k(a)=0 \text{ 时}, \tag{2.73}$$

我们称为自然边界条件. 一种理解自然边界条件的方法是将 $k(x)$ 看作弹簧的弹性系数. 当 $k(a)=0$ 时, 边界处就无需外加荷载.

假设 $k(b)>0$, 则在边界点 $x=b$ 处需要给边界条件:

$$[\sigma y(x)+hy'(x)]|_{x=b}=0, \text{当} k(b)>0 \text{ 时}. \tag{2.74}$$

若 $y=y(x)$ 满足施图姆–刘维尔型方程与 (2.73) 式或 (2.74) 式的边界条件, 称 $y=y(x)$ 是施图姆–刘维尔型问题 (Sturm-Liouville problem) 的解. 施图姆–刘维尔型问题具有如下性质:

(1) **特征值存在且非负**: 存在 $0\leqslant\lambda_1\leqslant\lambda_2\leqslant\cdots$, 当方程 (2.72) 中 $\lambda=\lambda_k$ 且满足边界条件 (2.73) 或 (2.74) 时, 存在非平凡解 $y=y_k(x)$, 称为特征值 λ_k 对应的特征函数.

(2) **特征函数正交**: 当 $k\neq m$ 时, 其对应的特征函数满足

$$\int_a^b \rho(x)y_k(x)y_m(x)\,\mathrm{d}x=0. \tag{2.75}$$

(3) **特征函数系具有完备性 (completeness)**: 对于定义在区间 $[a,b]$ 内满足 (2.73) 式或 (2.74) 式边界条件的任意连续函数 $f(x)$, 其均可以表达成为以特征函数为基底的级数求和形式:

$$f(x)=\sum_{k=1}^{\infty}A_k y_k(x), \tag{2.76}$$

其系数 A_k 满足:

$$A_k=\frac{\displaystyle\int_a^b \rho(x)f(x)y_k(x)\,\mathrm{d}x}{\displaystyle\int_a^b \rho(x)(y_k(x))^2\,\mathrm{d}x}. \tag{2.77}$$

上述几点性质也是*施图姆–刘维尔定理* (Sturm-Liouville theorem) 的主要结果. 上述性质的证明有些并不困难, 具体可参考课后习题.

在使用分离变量法求解偏微分方程时, 可以利用上述性质来简化分析过程. 以本节空间变量所满足的常微分方程 (2.55) 为例. 对比 (2.72) 式, 我们发现 (2.55) 式中的方程 $X''+\lambda X=0$ 具有施图姆–刘维尔型方程的形式, 即 $k=1>0$, $q=0$,

$\rho = 1 > 0$. 同时 (2.55) 式中的两个边界条件具有 (2.74) 的形式. 因此可以利用上述结论得到特征值的存在性, 正交性 [对比 (2.65) 式与 (2.75) 式], 以及初始条件以特征函数为基底的级数展开形式 [对比 (2.70) 式与 (2.77) 式]. 施图姆–刘维尔定理也将成为未来求解其他可分离变量的偏微分方程问题的重要方法.

在 1.3 节, 通过欧氏空间中向量的正交性来类比介绍函数正交性的概念. 这里我们将继续通过与欧氏空间的线性变换, 即矩阵之间的类比, 来进一步理解施图姆–刘维尔型方程的性质. 首先, n 维欧氏空间上的线性变化可以用一个 $n \times n$ 阶矩阵 $\boldsymbol{A}$ 来对应描述. 而对应的线性微分算子 $\mathcal{L}$ 可用于描述函数之间的线性映射关系, 它将函数空间 $\mathcal{H}$ 中的一个函数线性变换为另一个函数. 例如, 可以定义如下线性微分算子:

$$\mathcal{L} = \frac{\mathrm{d}}{\mathrm{d}x}\left(k(x)\frac{\mathrm{d}}{\mathrm{d}x}\right) - q(x). \tag{2.78}$$

而任何一个 $n \times n$ 阶矩阵都对应着一个特征值问题: $\boldsymbol{A}\boldsymbol{u} = \lambda\boldsymbol{u}$. 当矩阵 $\boldsymbol{A}$ 为对称正定时, 其对应 n 个正特征值 $0 < \lambda_1 \leqslant \cdots \leqslant \lambda_n$. 这里我们可以用如下方式描述矩阵的对称性: 对于任意 $\boldsymbol{u}, \boldsymbol{v} \in \mathbb{R}^n$, 若

$$(\boldsymbol{v}, \boldsymbol{A}\boldsymbol{u}) = (\boldsymbol{A}\boldsymbol{v}, \boldsymbol{u}),$$

则 $\boldsymbol{A}$ 为对称矩阵. 当 $\lambda = \lambda_k$ 时, 矩阵的特征值问题存在非零的非平凡解 $\boldsymbol{v}^k$, 这便是 $\boldsymbol{A}$ 的第 k 个特征向量. 而对称正定矩阵的所有特征向量可构成一组完备正交基, 即 n 维空间中的任意向量均可表示为上述特征向量线性组合, 且若 $j \neq k$, 则有 $(\boldsymbol{v}^j, \boldsymbol{v}^k) = 0$.

我们可以将上述性质与施图姆–刘维尔型方程的性质进行类比. 可以验证, (2.78) 式中给出的微分算子也具有类似对称矩阵的对称性, 即在忽略边界项影响的情况下, 可以验证该算子对于任意 $y(x), w(x) \in \mathcal{H}$, 恒成立

$$\int_a^b w(x)\mathcal{L}[y(x)]\,\mathrm{d}x = \int_a^b y(x)\mathcal{L}[w(x)]\,\mathrm{d}x.$$

这与上述基于向量内积定义矩阵对称性的思想可直接类比. 因此, (2.78) 式所定义的算子也是 “对称” 的. 同样地, 该算子也定义了一个本征值问题:

$$\mathcal{L}[y(x)] + \lambda\rho(x)y(x) = 0.$$

上式与 (2.72) 式等价. 类比矩阵特征值问题, 应存在一组本征值 λ_k, $k \in \mathbb{Z}^+$, 使得上式具有非平凡解 $y_k(x)$, 即本征向量. 这验证了上述性质 (1). 同样地, 这些本征向量具有正交完备性, 即验证了上述性质 (2) 和 (3). 这里略有不同的是, (2.75) 式所诱导的正交性里含有权函数 $\rho(x)$. 上述类比关系可参考表 2.3 中的总结.

表 2.3 对称矩阵与施图姆–刘维尔型方程所诱导的线性微分算子之类比

	欧氏空间 $\mathbb{R}^n$	函数空间 $\mathcal{H}$
元素	$\boldsymbol{u}, \boldsymbol{v} \in \mathbb{R}^n$	$y(x), w(x) \in \mathcal{H}$
线性映射/算子	n 阶矩阵 $\boldsymbol{A}$	线性微分算子 $\mathcal{L}$
算子对称性	$(\boldsymbol{v}, \boldsymbol{A}\boldsymbol{u}) = (\boldsymbol{A}\boldsymbol{v}, \boldsymbol{u})$	$\int_a^b w(x)\mathcal{L}(y(x))\,\mathrm{d}x = \int_a^b y(x)\mathcal{L}(w(x))\,\mathrm{d}x$
特/本征值问题	$\boldsymbol{A}\boldsymbol{v} = \lambda \boldsymbol{v}$	$\mathcal{L}(y(x)) + \lambda\rho(x)y(x) = 0$
特/本征向量	正交、完备	正交、完备 [性质 (2), (3)]

2.3.3 齐次化原理

我们已经讨论了问题 (2.52), 即齐次控制方程附加非齐次初始条件与齐次边界条件的问题的求解. 接下来进一步讨论控制方程为非齐次的情形.

考虑如下热传导初边值问题:

$$\begin{cases} u_t - a^2 u_{xx} = f, \quad (x,t) \in (0,l) \times \mathbb{R}^+; \\ u|_{t=0} = 0; \\ u|_{x=0} = 0, \quad \left(\dfrac{\partial u}{\partial x} + hu\right)\Big|_{x=l} = 0. \end{cases} \tag{2.79}$$

类似 1.3 节的讨论, 我们也可以给出热传导初边值问题的齐次化原理.

齐次化原理 若 $W(x,t;\tau)$ 以 x 和 t 为空间与时间自变量, 以 τ 为参数, 且满足

$$\begin{cases} W_t - a^2 W_{xx} = 0, \quad x \in (0,l), \quad t > \tau; \\ W|_{t=\tau} = f(x,\tau); \\ W|_{x=0} = 0, \quad \left(\dfrac{\partial W}{\partial x} + hW\right)\Big|_{x=l} = 0, \end{cases} \tag{2.80}$$

则

$$u(x,t) = \int_0^t W(x,t;\tau)\mathrm{d}\tau \tag{2.81}$$

为问题 (2.79) 的解. 齐次化原理的验证留作课后作业.

2.4 热传导方程解的性质

本节将讨论热传导方程初边值问题解的性质, 包括解的唯一性、稳定性等, 所采用的工具是极值原理. 本节讨论的重心将放在空间一维初边值问题上, 但相关方法与结论可以推广至空间高维的情形.

2.4.1 极值原理

考虑一个内部无热源有界闭区域内的热传导问题. 直观上讲, 在整个过程中最高温度应该只可能出现在以下两种情形中: ① 初始时刻最高温位置, 因为随着时间的推演, 该点会向其他位置输送热量引起温度降低; ② 边界处, 因为边界可能存在热源, 从而引起边界处温度升高或恒定. 在数学上, 这一现象对应于热传导方程的**极值原理**(maximum principle).

极值原理 设 $u(x,t)$ 在如图 2.3 时空矩形区域 $\Omega_T=\{\alpha\leqslant x\leqslant\beta, 0\leqslant t\leqslant T\}$ 内连续, 并且在其内部满足热传导方程

$$\frac{\partial u}{\partial t}-a^2\frac{\partial^2 u}{\partial x^2}=0. \tag{2.82}$$

若引入记号 Γ_T 由 Ω_T 的两侧边 ($x=\alpha$, $x=\beta$) 及底边 ($t=0$) 组成的边界曲线, 则 u 在 Ω_T 内的极值等于 u 在初始状态或边界处的极值. 数学上可表达为

$$\max_{\Omega_T} u(x,t)=\max_{\Gamma_T} u(x,t),\quad \min_{\Omega_T} u(x,t)=\min_{\Gamma_T} u(x,t). \tag{2.83}$$

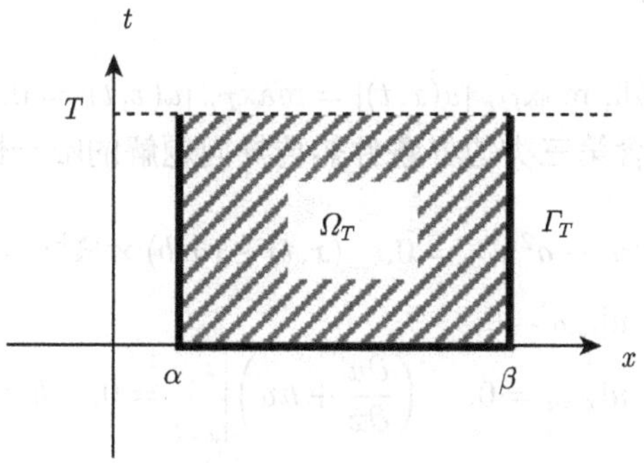

图 2.3 极值原理考虑的区域 Ω_T

这里主要讨论极值原理证明的核心思想. 首先需要指出的是, 若将定理中的 $u(x,t)$ 换成 $-u(x,t)$, 依然满足极值原理的条件设定, 唯一的区别是最大值和最小值互换. 因此, 证明时只需要考虑最大值的情形.

实际上, 若 $u(x,t)$ 在 $\Omega_T\backslash\Gamma_T$ 上某点 (x^*,t^*) 取到局部极大值, 一般需要满足

$$\left.\frac{\partial u}{\partial t}\right|_{(x^*,t^*)}\geqslant 0,\quad \left.\frac{\partial u}{\partial x}\right|_{(x^*,t^*)}=0,\quad \left.\frac{\partial^2 u}{\partial x^2}\right|_{(x^*,t^*)}<0. \tag{2.84}$$

特别地, 上式中只有在 $t^*=T$ 时, 关于 t 的导数才能取到大于号. 另外, 上述条件是 u 在 (x^*,t^*) 处取到极大值的充分非必要条件. 实际上, 若 $u_{xx}|_{(x^*,t^*)}=0$, u 依然可能在 (x^*,t^*) 处取到极大值. 但 (2.84) 式中的情形更为普遍.

(2.84) 式表明, $(u_t - a^2u_{xx})\big|_{(x^*,t^*)} > 0$, 这与热传导方程 (2.82) 产生矛盾. 极值原理就是通过反证法导出上述矛盾而证明的. 只是针对一般情形 ($u_{xx}|_{(x^*,t^*)}$ 也可能为 0), 需要构造更复杂的中间函数①. 具体证明就不在此处叙述了.

最后, 需要指出的是, 若系统内存在热源, 成立 $u_t - a^2u_{xx} = f$, $f \geqslant 0$. 从物理视角看, 系统的最低温度依然只能在 Γ_T 上取到, 即 (2.83) 式中的极小值情况依然成立. 类似地, 若系统内部存在吸热装置, 即 $f \leqslant 0$, 则 (2.83) 式中的极大值情况依然成立.

2.4.2　热传导方程初边值问题的唯一性

利用极值原理, 我们讨论热传导方程初边值问题 (2.51) 的唯一性. 首先讨论包含狄利克雷型边界条件的定解问题. 类似波动方程的情形, 只需证明

$$\begin{cases} u_t - a^2u_{xx} = 0, \quad (x,t) \in (a,b) \times \mathbb{R}^+; \\ u|_{t=0} = 0; \\ u|_{x=a} = 0, \quad u|_{x=b} = 0 \end{cases} \tag{2.85}$$

只有唯一解: $u \equiv 0$.

利用极值原理可知, $\max_{\Omega_T}|u(x,t)| = \max_{\Gamma_T}|u(x,t)| = 0$, 从而唯一性得证. □

我们进一步讨论含第三类边界条件热传导问题解的唯一性. 考虑如下问题:

$$\begin{cases} u_t - a^2u_{xx} = 0, \quad (x,t) \in (a,b) \times \mathbb{R}^+; \\ u|_{t=0} = 0; \\ u|_{x=a} = 0, \quad \left(\dfrac{\partial u}{\partial x} + hu\right)\bigg|_{x=b} = 0, \quad h > 0. \end{cases} \tag{2.86}$$

现证明问题 (2.86) 只有零解, 这里以极大值为例. 利用极值原理可知, $u(x,t)$ 的极大值在边界或初始条件处取到. 若该极大值在初始情形 $t=0$ 或左边界 $x=a$ 处取到, 则证毕. 若该极大值在右边界 $x=b$ 处取到, 则必存在某时刻 $t=t^*$, 满足 $u|_{x=b,t=t^*} = m > 0$, 且 $u_x|_{x=b,t=t^*} \geqslant 0$. 将两式按照问题 (2.86) 中边界条件形式代入得到 $(u_x + hu)|_{x=b,t=t^*} > 0$, 与问题 (2.86) 中第三类边界条件相矛盾, 证毕. □

2.4.3　热传导方程的稳定性

考虑热传导方程初边值问题的稳定性, 即当问题的初边值条件出现小扰动时, 问题解的相应误差是否可控. 从数学的角度看, 我们考虑两个温度分布函数, $u^1(x,t)$ 和 $u^2(x,t)$, 或者简写为 $u^{1,2}(x,t)$. 假设它们分别满足

① 详细证明可参考《数学物理方程》(第三版), 谷超豪等, 高等教育出版社

$$\begin{cases} u_t^{1,2} - a^2 u_{xx}^{1,2} = 0, \quad (x,t) \in (a,b) \times \mathbb{R}^+; \\ u^{1,2}|_{t=0} = \phi^{1,2}; \\ u^{1,2}|_{x=a} = \mu_1^{1,2}(t), \quad u^{1,2}|_{x=b} = \mu_2^{1,2}(t). \end{cases} \tag{2.87}$$

这里可以将 $u^1(x,t)$ 看作给定初始与边界条件情形下真实温度场分布. 然而, 在计算过程中, 测量的初边界条件的值 (ϕ^2, μ_1^2, μ_2^2) 往往与实际值有些许偏差, 即

$$\max\left\{\max_{a\leqslant x\leqslant b}|\phi^1 - \phi^2|, \max_{t>0}|\mu_1^1 - \mu_1^2|, \max_{t>0}|\mu_2^1 - \mu_2^2|\right\} < \epsilon. \tag{2.88}$$

一个很自然的问题是根据测量数据得到的温度分布 u^2 与理论值 u^1 有多大偏差, 这就对应了热传导方程的稳定性. 引入 $v = u^1 - u^2$, v 是问题

$$\begin{cases} v_t - a^2 v_{xx} = 0, \quad (x,t) \in (a,b) \times \mathbb{R}^+; \\ v|_{t=0} = \phi^1 - \phi^2; \\ v|_{x=a} = \mu_1^1(t) - \mu_1^2(t), \quad v|_{x=b} = \mu_2^1(t) - \mu_2^2(t) \end{cases} \tag{2.89}$$

的解.

由极值定理可知

$$\max_{\Omega_T}|u^1 - u^2| = \max_{\Omega_T}|v(x,t)| = \max_{\Gamma_T}|v(x,t)| < \epsilon.$$

这就说明问题 (2.87) 解的差不会超过其初边值条件的最大误差.

课后习题

1. 一均匀圆柱形细杆截面半径为 r, 假设它在同一截面上的温度是相同的, 杆的侧面和周围介质发生热交换, 从细杆流出的热量服从牛顿热传导定律:

$$dQ = k_1(u - u_1)dSdt,$$

其中, u_0 为周围介质温度. 再假设杆的密度为 ρ,(质量) 比热为 c, 热传导系数为 k.

(a) 请推导温度 u 所满足的 (空间一维) 方程.

(b) 假设该细杆为一电导系数(electric conductivity coeffieient) 为 σ 的导线, 试证: 在强度为 I 的稳恒电流作用下该导线内温度分布满足 (空间一维) 方程

$$c\rho\frac{\partial u}{\partial t} = k\frac{\partial^2 u}{\partial x^2} - \frac{2k_1(u - u_1)}{r} + \frac{1}{\sigma}\cdot\left(\frac{I}{\pi r^2}\right)^2.$$

提示: 截面恒定导线的电阻 R 满足 $R = \dfrac{l}{\sigma A}$, 其中 l 为导线长度, A 为导线横截面积. 稳恒电流的热功率满足 $Q = I^2 R$.

2. 仿照本节热传导方程的推导过程直接推导扩散过程所满足的偏微分方程 (2.17).

3. 对于非匀质且各向异性导热材料, 其热流通量应满足

$$\boldsymbol{J} = -\boldsymbol{\Lambda}(x, y, z)\nabla u,$$

其中, $\boldsymbol{\Lambda} = (\Lambda_{ij})$, $(i,\ j = 1,\ 2,\ 3)$ 是一个对称正定矩阵 (或称为二阶张量), 试给出在该导热介质内温度 u 所满足的偏微分方程.

4. 混凝土内部储藏着热量, 称为水化热(heat of hydration), 这里用英文字母 H 来表示. 在混凝土浇筑后该热量逐渐放出, 放热速度和它所储藏的水化热成正比, 又假设砼的比热为 c, 密度为 ρ, 热传导系数为 k, 求它在浇筑后温度 u 满足的方程.

5. 若物体表面的绝对温度为 u, 其单位时间内单位面积向外界辐射出去的热量根据斯特藩–玻尔兹曼(Stefan-Bolzmann) 定律与绝对温度的四次方成正比, 即

$$\mathrm{d}Q = \sigma u^4 \mathrm{d}S\mathrm{d}t.$$

若物体和周围介质之间只有热辐射这一方式进行热交换, 且假设物体环境的绝对温度可表达为 $f(x, y, z, t)$, 请写出物体表面所满足的边界条件.

6. 类似本节的推导求解二维热传导方程的柯西问题

$$\begin{cases} u_t - a^2(u_{xx} + u_{yy}) = 0, \quad (x, y; t) \in \mathbb{R} \times \mathbb{R} \times \mathbb{R}^+; \\ u|_{t=0} = \phi(x, y). \end{cases}$$

7. 利用傅里叶变换求解弦振动方程的柯西问题:

$$\begin{cases} u_{tt} - a^2 u_{xx} = 0, \quad (x, t) \in \mathbb{R} \times \mathbb{R}^+; \\ u|_{t=0} = \phi(x), \quad u_t|_{t=0} = \psi(x). \end{cases}$$

(a) 利用傅里叶变换将上述问题转化为常微分方程定解问题并求解.

(b) 查傅里叶逆变换表给出解的表达式并与达朗贝尔公式 (1.26) 对比.

8. 利用分离变量法求解下列定解问题:

$$\begin{cases} u_t - a^2 u_{xx} = 0, \quad x \in (0, \pi), \quad t > 0; \\ u|_{t=0} = \phi(x); \\ u|_{x=0} = u_x|_{x=\pi} = 0. \end{cases}$$

9. 有限长均匀细杆四周与两端点处对外绝热, 若其每个横截面内的温度一致, 则其满足空间一维热传导方程初边值问题:

$$\begin{cases} u_t - a^2 u_{xx} = 0, \quad x \in (0, l), \quad t > 0; \\ u|_{t=0} = \phi(x); \\ u_x|_{x=0} = u_x|_{x=l} = 0. \end{cases}$$

(a) 求解上述初边值问题温度.

(b) 计算时间 t 趋向于无穷时解的渐进(asymptotic) 表达式, 即计算 $\lim_{t\to\infty} u(x,t)$ 的值, 并尝试从物理的角度解释该极限值的意义.

10. 求解下列非齐次热传导方程的初边值问题:

$$\begin{cases} u_t - a^2 u_{xx} = \mathrm{e}^{-t} x(1-x), \quad x \in (0,l), \quad t > 0; \\ u|_{t=0} = 0; \\ u|_{x=0} = u|_{x=l} = 0. \end{cases}$$

11. 使用分离变量法求解下述定解问题:

$$\begin{cases} u_t = a^2 u_{xx} - b^2 u, \quad x \in (0,l), \quad t > 0; \\ u|_{t=0} = 0; \\ u|_{x=0} = 1, \quad (u_x + \sigma u)|_{x=l} = 0, \end{cases}$$

其中, a, b, σ 均为常数.

12. 仿照 (2.65) 式的证明思路, 证明满足 (2.73) 式与 (2.74) 式边界条件的施图姆–刘维尔型方程的特征函数是彼此正交的, 即 (2.75) 式成立.

13. 验证 2.3 节最后的齐次化原理, 即若 $W(x,t;\tau)$ 是问题 (2.80) 的解, 则 (2.81) 式所定义的 $u(x,t)$ 是问题 (2.79) 的解.

第3章 泊松方程

本章我们将讨论泊松方程及调和方程的相关建模、常用求解方法及解的唯一性. 首先, 我们以不同的物理视角推导出泊松方程, 进而讨论运用泊松方程建模之物理问题的共性特征. 在求解泊松方程定解问题时, 我们将分别介绍变分法和格林函数. 然后, 会进一步介绍狄拉克函数, 希冀以更宏观的视角讨论格林函数法也是求解一般线性偏微分方程问题的通用方法. 最后, 我们将讨论调和函数的 (强) 极值原理, 进而研究泊松方程问题解的唯一性.

3.1 泊松方程与调和方程

3.1.1 方程形式

本章我们将考虑具有如下形式的方程

$$
\begin{aligned}
&\text{二维:}\ \frac{\partial^2 u}{\partial x^2}+\frac{\partial^2 u}{\partial y^2}=f(x,y),\\
&\text{三维:}\ \frac{\partial^2 u}{\partial x^2}+\frac{\partial^2 u}{\partial y^2}+\frac{\partial^2 u}{\partial z^2}=f(x,y,z),
\end{aligned}
\tag{3.1}
$$

其中, u 为未知函数, f 为已知函数. 将具有上述形式的偏微分方程称为*泊松方程* (Poisson equation). 特别地, 若 $f=0$, 相应方程称为*拉普拉斯方程* (Laplacian equation) 或*调和方程* (harmonic equation).

为方便后续分析, 我们也将 (3.1) 式中的方程统一表达为 $\Delta u=f$, 其中 "Δ" 称为*拉普拉斯算子* (Laplacian operator).

实际上, 引入算子符号对方程后续分析过程的简化有很大的帮助. 直观地讲, 算子可以看作是一种将函数映成函数的映射. 例如, 拉普拉斯算子将任意 (二阶可偏导) 函数映射成其关于各变量二阶偏导数之和. 此外, 在热传导方程推导过程中也曾引入*梯度算子* (gradient operator)"∇", 将任意 (一阶可偏导) 的函数映射为一个向量值函数:

$$\nabla u=(u_x,u_y,u_z)^{\mathrm{T}}.$$

若将梯度算子看作一个向量, 则有

$$\Delta u=\nabla\cdot(\nabla u)\overset{\text{def}}{=\!=}\nabla^2 u.$$

以上拉普拉斯算子的各种表达方式在本章的推导过程中会广泛地用到, 需要熟练掌握. 关于微分算子更加严格的数学定义, 可参考泛函分析相关教材①.

为方便后续推导, 我们将使用黑体的英文小写字母表示在 $\mathbb{R}^2$ 或 $\mathbb{R}^3$ 上定义的向量, 对应的带下标的斜体英文字母表示该向量的分量. 例如, 将使用 $\boldsymbol{r}$ 来表示空间坐标, 用 $|\boldsymbol{r}|$ 表示该点到原点的距离. 对于二维问题, $\boldsymbol{r}=(r_1,r_2)^{\mathrm{T}}=(x,y)^{\mathrm{T}}$; 对于三维问题, $\boldsymbol{r}=(r_1,r_2,r_3)^{\mathrm{T}}=(x,y,z)^{\mathrm{T}}$. 因此三维维泊松方程也可以写成

$$\Delta u=\frac{\partial^2 u}{\partial r_1^2}+\frac{\partial^2 u}{\partial r_2^2}+\frac{\partial^2 u}{\partial r_3^2}=f(\boldsymbol{r}).$$

在此简单总结一下, 本章我们将考察

$$\text{泊松方程:}\quad -\Delta u=f; \tag{3.2a}$$

$$\text{调和方程:}\quad \Delta u=0. \tag{3.2b}$$

和 (3.1) 式中的泊松方程相比, (3.2a) 式拉普拉斯算子前添了一个负号, 这样操作的目的是与传统的表达方式统一.

3.1.2 物理背景

再来看泊松/拉普拉斯方程的物理背景.

1. *波动/热传导方程的平衡状态*

已知薄膜沿垂向方向小振动过程可用空间二维波动方程 (1.80) 式来刻画. 若薄膜系统垂向力达到平衡状态, 则垂向位移将不再随时间变化, 即 $u_{tt}=0$. 于是 (1.80) 式退化为 $-a^2\Delta u=f$. 两边同时除以 a^2 就得到泊松方程 (3.2a). 换句话说, 泊松方程用于描述薄膜在内外力平衡时的几何形貌.

类似地, 当热传导方程 (2.7) 式中 $u_t=0$ 时, 即介质内任意一点的温度不再随时间而改变, 我们仍然可以得到 (3.2a) 式. 泊松方程也可以描述系统达到热平衡时的温度分布状态. 值得指出的是, 热平衡状态并不代表物体内部不再有热量流动, 系统达到的是一种动态平衡状态, 其必要条件是流入与流出系统的热量保持相等.

上述两个例子也反应了泊松方程对应物理过程的一些共性: **平衡态、与时间变量无关**.

2. *万有引力*

设三维空间中以 $\boldsymbol{r}^*=(x^*,y^*,z^*)$ 为坐标的某点 M^* 处有一质量为 m^* 的质点, 则其在空间中任意一点 M(其空间坐标为 $\boldsymbol{r}$) 处所产生的*引力场* (gravitational field)

① 《泛函分析讲义》, 张恭庆, 林源渠编著, 北京大学出版社

可表达为

$$\boldsymbol{g} = -\frac{Gm^*(\boldsymbol{r} - \boldsymbol{r}^*)}{R^3}, \tag{3.3}$$

其中, G 是万有引力常数;

$$R = |\boldsymbol{r} - \boldsymbol{r}^*| = \sqrt{(x-x^*)^2 + (y-y^*)^2 + (z-z^*)^2} \tag{3.4}$$

表示 M 点与 M^* 点之间的空间距离.

若在 M 点处有一质量为 m 的质点, 则其受到 M^* 点处质点的**引力**(gravitation)为

$$\boldsymbol{F} = m\boldsymbol{g}. \tag{3.5}$$

若引入函数 $\phi(\boldsymbol{r};\boldsymbol{r}^*)$ 满足

$$\phi(\boldsymbol{r};\boldsymbol{r}^*) = -\frac{Gm^*}{|\boldsymbol{r} - \boldsymbol{r}^*|}. \tag{3.6}$$

不难验证 (可参考本节后预备知识部分), 式 (3.3) 中的引力场 $\boldsymbol{g}$ 可以表达为 ϕ 函数关于空间坐标 $\boldsymbol{r}$ 的梯度, 即

$$\boldsymbol{g} = -\nabla\phi. \tag{3.7}$$

这里称 $\phi(\boldsymbol{r};\boldsymbol{r}^*)$ 为关于质点 M^* 的**引力势函数**(potential function). 可以验证, (3.6) 式所定义的引力势函数 ϕ 在远离 $\boldsymbol{r}^*$ 处满足三维调和方程. 验证过程比较直接, 此处就不做赘述. 需要指出的是, (3.6) 式的空间自变量为 $\boldsymbol{r}$, 而 $\boldsymbol{r}^*$ 为参数. 因此梯度算子计算的是未知函数 $\phi(\boldsymbol{r};\boldsymbol{r}^*)$ 关于自变量 $\boldsymbol{r}$ 的偏导数. 类似的表达式在本章的讨论中将经常出现.

接下来考察在空间具有连续质量分布块体的引力势. 设某块体占据三维空间区域 Ω, 其上的密度分布表示为 $\rho(\boldsymbol{s})$, $\boldsymbol{s} \in \Omega$. 由于万有引力场具有叠加性, 引力势也具有叠加性. 因此该块体在 $\boldsymbol{r}$ 点处的引力势函数, 可以看作块体内各个质量微元的引力势的叠加. 数学上可以用积分来表示

$$\phi(\boldsymbol{r}) = -\iiint_{\Omega} \frac{\rho(\boldsymbol{s})\mathrm{d}\boldsymbol{s}}{|\boldsymbol{r} - \boldsymbol{s}|}, \tag{3.8}$$

这里为方便起见, 我们设引力常数满足 $G = 1$. 可以验证, $\phi(\boldsymbol{r})$ 对于任意 $\boldsymbol{r} \in \mathbb{R}^3 \backslash \Omega$ 满足调和方程.

实际上, 在块体内部 $\boldsymbol{r} \in \Omega$ 也可以定义引力势. 若我们直接采用 (3.8) 式的定义, 则被积函数在 $\boldsymbol{s} = \boldsymbol{r}$ 附近没有定义. 从物理上讲, $\boldsymbol{r}$ 点处的质量微元在 $\boldsymbol{r}$ 点本身是不产生引力的. 因此块体引力势函数在 $\boldsymbol{r}$ 处定义时应去掉其附近的小微元. 数学上, 通过引入极限的概念定义引力势函数:

$$\phi(\boldsymbol{r}) = -\lim_{\epsilon \to 0} \iiint_{\Omega \backslash \mathcal{O}_\epsilon(\boldsymbol{r})} \frac{\rho(\boldsymbol{s})\mathrm{d}\boldsymbol{s}}{|\boldsymbol{r} - \boldsymbol{s}|}, \tag{3.9}$$

其中, $\mathcal{O}_\epsilon(\boldsymbol{r})$ 表示以 $\boldsymbol{r}$ 为原点 ϵ 为半径的小球. 因此, 块体在空间的任意一点 $\boldsymbol{r}\in\mathbb{R}^3$ 处所产生的引力场均可以用 (3.9) 式来表示. 在随后的学习过程中我们将验证, ϕ 在块体内部满足泊松方程; 在块体外部满足调和方程, 即

$$\Delta\phi=\begin{cases}4\pi\rho(\boldsymbol{r}), & \boldsymbol{r}\in\Omega;\\ 0, & \boldsymbol{r}\in\mathbb{R}^3\backslash\Omega.\end{cases} \tag{3.10}$$

3. 静电学

当系统中仅含有静电核时, 我们知道所有电荷所产生的电场强度 $\boldsymbol{E}$ 可以表达为静电势 u 的负梯度, 即

$$\boldsymbol{E}=-\nabla u. \tag{3.11}$$

高斯定理告诉我们, 对于空间任意封闭区域 Ω, 穿过其边界的电通量应该与区域内部的净电量成正比. 若系统的电荷分布密度为 $\rho(\boldsymbol{r})$, 则有

$$\iint_{\partial\Omega}\boldsymbol{E}\cdot\boldsymbol{n}\mathrm{d}S=\frac{1}{\epsilon_0}\iiint_{\Omega}\rho(\boldsymbol{r})\,\mathrm{d}\boldsymbol{r}, \tag{3.12}$$

其中, $\boldsymbol{n}$ 为边界上单位外法向量; $\mathrm{d}S$ 表示边界面积微元; ϵ_0 表示介质的介电常数. 将 (3.11) 式代入 (3.12) 式中, 并利用格林公式 (参考 1.4 节后的预备知识) 可以得到

$$\frac{1}{\epsilon_0}\iiint_{\Omega}\rho\mathrm{d}\boldsymbol{r}=-\iint_{\partial\Omega}\nabla u\cdot\boldsymbol{n}\mathrm{d}S=-\iiint_{\Omega}\Delta u\mathrm{d}\boldsymbol{r}.$$

根据区域 Ω 选取的任意性, 可知静电势 u 满足泊松方程:

$$-\Delta u=\frac{\rho}{\epsilon_0}. \tag{3.13}$$

实际上, 我们可以用类似求解引力势的方法给出静电势 u 的表达式. 由库仑定律 (Coulomb's law), 处于原点处的单位电量正电荷在 $\boldsymbol{r}$ 处产生的静电场可表达为

$$\boldsymbol{E}=\frac{1}{4\pi\epsilon_0}\cdot\frac{\boldsymbol{r}}{|\boldsymbol{r}|^3}. \tag{3.14}$$

代入 (3.11)式得到单位点电荷对应的静电势满足 $u=\dfrac{1}{4\pi\epsilon_0|\boldsymbol{r}|}$. 而区域 Ω 内所有电荷 (分布为 ρ) 所产生的总电势可以由点电荷静电势叠加得到

$$u(\boldsymbol{r})=\lim_{\delta\to0}\frac{1}{4\pi\epsilon_0}\iiint_{\Omega\backslash O_\delta(\boldsymbol{r})}\frac{\rho(\boldsymbol{s})\mathrm{d}\boldsymbol{s}}{|\boldsymbol{r}-\boldsymbol{s}|}. \tag{3.15}$$

因此, 具有 (3.15) 式表达形式的函数 $u(\boldsymbol{r})$, 应该是泊松方程的一个解. 这也与前面关于引力场的结论类似.

若 $\Omega=\mathbb{R}^3$, 则 (3.15) 式中的积分项具有卷积的特点. 具体说来, 若沿用 (2.20) 式定义卷积时所采用的符号, (3.15) 式可以表达为

$$u=\frac{\rho}{4\pi\epsilon_0}*\frac{1}{|\boldsymbol{r}|}.$$

换句话说, 电荷分布所产生的静电势可以由单位电荷所产生的静电势与电荷密度分布 (除以一个常数) 做卷积得到. 这并非偶然. 实际上, $1/(4\pi|\boldsymbol{r}|)$ 是三维泊松方程的基本解. 相关内容我们将在 3.4 节中更详尽地讨论.

4. *物理机制的共性*

基于上述万有引力场及静电学问题的推导过程, 我们可以总结出泊松方程所描述物理现象具有的两大特点. 第一, 某场向量 (如电场强度 $\boldsymbol{E}$) 可以表达为某势函数 (如静电势 u) 的梯度形式 [参考 (3.11) 式], 比例系数 (本例为介电常数 ϵ_0) 完全由材料/介质的性质决定的, 我们可将其称为广义的*本构关系*(constitutive relation). 第二, 该场向量沿任意封闭曲面的通量满足某种平衡关系 (例如, 穿过封闭曲面的电通量平衡, 即高斯定律), 实际上是某种物理上的*守恒关系*(conservation relation). 则相应的势函数应满足泊松方程.

实际上, 自然界许多物理过程都可以基于上述机理进行定量刻画. 例如, 地质结构中存在各种*多孔介质* (porous media), 黏性液体在其中从高静水压力区向低压区缓慢渗流. 实验观测表明, 在不计重力的情形下, 多孔介质中流体局部平均速度场 $\boldsymbol{v}$ 与压力 p 的负梯度成正比:

$$\boldsymbol{v}=-\frac{k}{\mu}\nabla p, \tag{3.16}$$

其中正常数 k 称为*渗透率* (permeability), 由介质的几何构型完全决定; μ 表示流体的*黏性* (viscosity) 系数. 式 (3.16) 也称为*达西定律* (Darcy's Law). 若流体为*不可压缩流体* (incompressible flow), 即其质量密度保持恒定, 则对于任意封闭区域 Ω, 其边界上流入与流出的流体总量应该时刻保持为零, 即

$$\iiint_{\partial\Omega}\boldsymbol{v}\cdot\boldsymbol{n}\mathrm{d}S=0. \tag{3.17}$$

类似静电学的情形, 将 (3.16) 式代入 (3.17) 式并利用格林公式, 可以发现静水压力 p 满足调和方程.

3.1.3 泊松方程的定解条件

经过上述分析, 我们发现, 泊松方程描述的是系统达到平衡时的状态, 一般是与时间无关的. 因此对于泊松方程, 一般只需提边界条件.

若满足泊松方程的区域 Ω 为有界区域, 如图 3.1 所示的阴影区域, 对应的定解条件提法称为内问题.

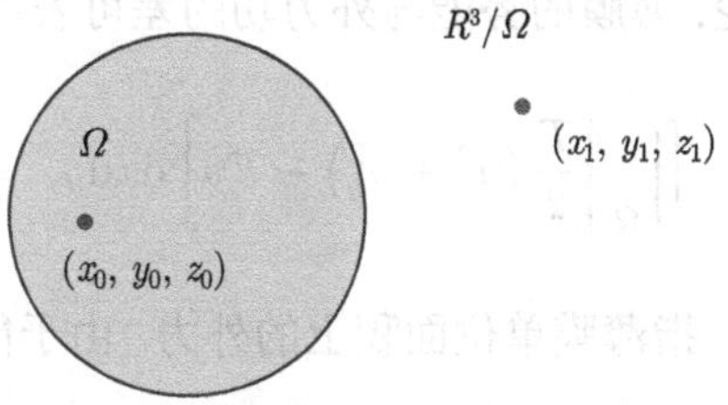

图 3.1 内外问题区域划分示意图

与前两类方程的边界条件提法类似, 我们可以针对内问题提三类边界条件:

$$\text{狄利克雷型边界条件: } u|_{\partial\Omega} = h(\boldsymbol{r}); \tag{3.18a}$$

$$\text{诺依曼型边界条件: } \left.\frac{\partial u}{\partial n}\right|_{\partial\Omega} = h(\boldsymbol{r}); \tag{3.18b}$$

$$\text{罗宾型边界条件: } \left.\left(\frac{\partial u}{\partial n} + \sigma u\right)\right|_{\partial\Omega} = h(\boldsymbol{r}). \tag{3.18c}$$

之于静电学问题, 第一类边界条件表示的是在边界上电压已知; 第二类边界条件表示在边界上电流已知.

若控制方程所在的区域为无界区域, 如图 3.1 所示的非阴影区域, 相应的问题被称为外问题. 此时, 除了要在 $\partial\Omega$ 上给出以上的某一类边界条件外, 还需要给出当 $\boldsymbol{r}$ 趋于无穷远时函数 u 的极限, 否则会造成解的不唯一.

这里给出一个反例. 若 $u(\boldsymbol{r})$ 全空间 $\mathbb{R}^3$ 去掉单位球 $\{\boldsymbol{r}||\boldsymbol{r}|<1\}$ 区域内满足调和方程, 且在单位球面上满足 $u|_{|\boldsymbol{r}|=1}=1$. 容易验证, $u \overset{\text{def}}{=\!=} 1$ 同时满足方程与边界条件. 同时根据静电学部分的分析, 可知 $u = 1/|\boldsymbol{r}|$ 也同时满足方程与边界条件. 因此, 在考虑泊松方程外问题时, 我们需要给出无穷远处的极限方能定解.

3.2 变 分 原 理

从这一节开始, 我们将介绍两种常用的求解泊松方程的方法: 变分法和格林函数法. 考虑求解以下二维狄利克雷问题:

$$\begin{cases} -\Delta u = f, \quad \boldsymbol{r} \in \Omega; \\ u|_{\partial\Omega} = 0. \end{cases} \tag{3.19}$$

我们从物理的视角思考问题 (3.19) 解的特点. 根据 1.5 节的讨论可知, 问题 (3.19) 对应的是边界固定薄膜 $(a^2 = 1)$ 力学平衡的状态. 以能量的观点看, 此时系统的势能减去外力功应该达到局部最小值, 否则系统就会继续演化. 这一物理规律在数学上对应的就是*变分原理*(variation principle).

根据 1.5 节中的讨论, 薄膜的势能与外力功的差可表达为

$$\iint_{\Omega}\left[\frac{T}{2}\left(u_x^2+u_y^2\right)-Fu\right]\mathrm{d}x\mathrm{d}y,$$

其中 T 是薄膜内张力; F 指薄膜单位面积上的外力. 由于能量除以一个常数, 并不影响其取极值的位置. 因此我们将上式除以薄膜密度 ρ, 并引入 $a^2=\dfrac{T}{\rho}=1, f=\dfrac{F}{\rho}$, 最终给出了系统等效能量减去等效外力功的表达式:

$$\mathcal{J}[u]=\iint_{\Omega}\left[\frac{1}{2}\left(u_x^2+u_y^2\right)-fu\right]\mathrm{d}x\mathrm{d}y. \tag{3.20}$$

这里 $\mathcal{J}[u]$ 称为一个*泛函*(functional), 其输入量为一个函数, 而输出的是一个实数. 而泛函 $\mathcal{J}[u]$ 表示的是任意位移分布 u 对应的系统势能与外力功之差 (除以薄膜的密度).

根据问题 (3.19) 的边界条件, 只需考虑边界固定的情形. 为此, 引入一个函数空间

$$V_0=\left\{v(\boldsymbol{r})\mid v|_{\partial\Omega}=0\right\}. \tag{3.21}$$

空间 V_0 中包含了薄膜在边界固定情形下所有可能的位移状态.

由前面的讨论, 问题 (3.19) 的解 u 应该是在所有边界固定情形中令能量泛函 $\mathcal{J}$ 取最小值的那个位移状态. 数学上可表达为

$$\mathcal{J}(u)=\min_{v\in V_0}\mathcal{J}(v). \tag{3.22}$$

下面介绍**变分原理**:

(a) 若 (3.22) 式中的极小值存在, 则使得 (3.20) 式中 $\mathcal{J}$ 取到极小值的位移状态 u 是问题 (3.19) 的解.

(b) 反之, 若 u 是问题 (3.19) 的解, 则 (3.22) 式一定成立, 即 u 一定使得 (3.20) 式中 $\mathcal{J}$ 在所有边界固定位移状态中取到极小值.

证明　首先考虑 (a) 部分. 若在由 (3.21) 式定义的函数空间 V_0 中存在 u 使得 (3.22) 式成立, 则对于任意 $v\in V_0$, 均可以找到一个实数 λ 和一个函数 $w\in V_0$, 使得 $v=u+\lambda w$. 将该关系式代入 (3.20) 式得

$$\mathcal{J}[v] = \iint_{\Omega} \left\{ \frac{1}{2} \left[(u_x + \lambda w_x)^2 + (u_y + \lambda w_y)^2 \right] - f(u + \lambda w) \right\} \mathrm{d}x\mathrm{d}y$$
$$= \iint_{\Omega} \left[\frac{1}{2} \left(u_x^2 + u_y^2 \right) - fu \right] \mathrm{d}x\mathrm{d}y + \lambda \iint_{\Omega} (u_x w_x + u_y w_y - fw) \, \mathrm{d}x\mathrm{d}y \qquad (3.23)$$
$$+ \frac{\lambda^2}{2} \iint_{\Omega} \left(w_x^2 + w_y^2 \right) \mathrm{d}x\mathrm{d}y.$$

利用 (3.22) 式, 泛函 $\mathcal{J}[v]$ 在 $\lambda = 0$ 处取到极小值, 即

$$\left. \frac{\mathrm{d}J(u + \lambda w)}{\mathrm{d}\lambda} \right|_{\lambda=0} = 0.$$

代入 (3.23) 式有

$$\iint_{\Omega} (u_x w_x + u_y w_y - fw) \, \mathrm{d}x\mathrm{d}y = 0. \qquad (3.24)$$

上式对于任意 $w \in V_0$ 都成立.

根据格林公式有

$$\iint_{\Omega} (u_x w_x + u_y w_y) \, \mathrm{d}x\mathrm{d}y = \int_{\partial\Omega} w \frac{\partial u}{\partial n} \mathrm{d}s - \iint_{\Omega} w \, (u_{xx} + u_{yy}) \, \mathrm{d}x\mathrm{d}y.$$

由于 w 在区域边界 $\partial\Omega$ 上恒取 0 值, 上式右端第一项为零. 于是有

$$\iint_{\Omega} (u_x w_x + u_y w_y) \, \mathrm{d}x\mathrm{d}y = -\iint_{\Omega} w \, (u_{xx} + u_{yy}) \, \mathrm{d}x\mathrm{d}y.$$

将上式与 (3.24) 式联立有

$$-\iint_{\Omega} w \, (\Delta u + f) \, \mathrm{d}x\mathrm{d}y = 0. \qquad (3.25)$$

若要保证上式对任意 w 都成立, 应有 $-\Delta u = f$, 得证.

接下来证明变分原理的 (b) 部分. 其证明思路是从 (3.25) 式反推回 (3.24) 式. 若 u 是问题 (3.19) 的解, 将其控制方程两端同乘以 w 并在 Ω 内积分可得 (3.25) 式. 利用 $w|_{\partial\Omega} = 0$ 并对 (3.25) 式反向使用格林公式即得到 (3.24) 式对于任意 $w \in V_0$ 均成立.

再考虑 (3.23) 式中泛函 $\mathcal{J}[u + \lambda w]$ 的表达式. 注意到, 式 (3.23) 中 λ 的零次项就是 $\mathcal{J}[u]$. 而根据 (3.24) 式, (3.23) 式中 λ 的一次项等于零. 于是有

$$\mathcal{J}[v] = \mathcal{J}[u + \lambda w] = \mathcal{J}[u] + \frac{\lambda^2}{2} \iint_{\Omega} \left(w_x^2 + w_y^2 \right) \mathrm{d}x\mathrm{d}y \geqslant \mathcal{J}[u] \qquad (3.26)$$

对于任意 $v \in V$ 均成立, 从而得证. □

在上面的证明中, 我们将变分问题转化成关于参数 λ 的求导问题. 因此, 变分可以看作一个泛函关于其输入函数 "求导". 变分背后的物理规律是, 若一系统的平衡态可由一偏微分方程问题刻画 [本节以问题 (3.19) 为例], 则该问题的解应该对应某种能量的最小值. 因此, 变分的思想在求解平衡态问题时有着广泛的应用. 例如, 有限元求解线弹性力学问题背后的理论基础正是变分原理.

基于变分原理, 我们将原二阶偏微分方程问题 (3.19) 转化为一个求泛函极值的问题. 该转换在数值求解计算中具有重要的意义. 这是因为, 若我们直接求解问题 (3.19), 其对应解的二阶偏导数必须存在. 相比之下, 若我们通过求解泛函极小值问题 (3.22) 式来求解, 对 u 光滑性的要求 "弱" 了很多, 只需要一阶偏导数平方可积即可. 因此, 所得到的解被称为*弱解*(weak solution). 当解光滑性要求变低时, 我们就可以用相对简单的函数 (如分片线性函数) 来逼近原问题的解, 这正是有限元方法的关键思想.

3.3 调和方程极坐标系表达与径向解

本节我们将考察调和方程在极坐标下的表达形式. 我们首先考虑调和方程在二维极坐标下的表达形式, 并将结果推广至三维球坐标. 此外, 我们将考虑只以到某点距离为自变量的调和函数, 即调和方程的径向解.

3.3.1 拉普拉斯算子极坐标系表达

我们首先考察调和方程

$$\Delta u = 0$$

在极坐标系下的表达形式. 关键是将笛卡儿坐标系下的拉普拉斯算子 "Δ" 转换为极坐标系下的表达式. 我们以二维情形为例, 这里我们采用 (x, y) 作为笛卡儿坐标系下空间自变量, 即 $\Delta u = u_{xx} + u_{yy}$.

首先引入极坐标变换

$$\begin{cases} r = \sqrt{x^2 + y^2}, \\ \theta = \arctan\dfrac{y}{x}. \end{cases} \tag{3.27}$$

则极坐标与笛卡儿坐标之间的转换矩阵可表达为

$$\begin{pmatrix} r_x & \theta_x \\ r_y & \theta_y \end{pmatrix} = \begin{pmatrix} \dfrac{x}{r} & -\dfrac{y}{r^2} \\ \dfrac{y}{r} & \dfrac{x}{r^2} \end{pmatrix}.$$

我们的目标是推导出未知函数 u 关于自变量 r 和 θ 偏导数的表达式. 根据链式求导法则, 我们有

$$\frac{\partial u}{\partial x}=\frac{\partial u}{\partial r}\cdot\frac{\partial r}{\partial x}+\frac{\partial u}{\partial \theta}\cdot\frac{\partial \theta}{\partial x}=\frac{\partial u}{\partial r}\cdot\frac{x}{r}-\frac{\partial u}{\partial \theta}\cdot\frac{y}{r^2}.$$

上式两边再关于 x 求偏导, 再利用链式法则可得

$$\frac{\partial^2 u}{\partial x^2}=\frac{\partial^2 u}{\partial r^2}\cdot\frac{x^2}{r^2}-2\frac{\partial^2 u}{\partial r\partial \theta}\cdot\frac{xy}{r^3}+\frac{\partial^2 u}{\partial \theta^2}\cdot\frac{y^2}{r^4}+\frac{\partial u}{\partial r}\cdot\left(\frac{1}{r}-\frac{x^2}{r^3}\right)+\frac{\partial u}{\partial \theta}\cdot\frac{2xy}{r^4}.$$

同理, 可以求得 u 关于 y 二阶偏导数的极坐标表达

$$\frac{\partial^2 u}{\partial y^2}=\frac{\partial^2 u}{\partial r^2}\cdot\frac{y^2}{r^2}+2\frac{\partial^2 u}{\partial r\partial \theta}\cdot\frac{xy}{r^3}+\frac{\partial^2 u}{\partial \theta^2}\cdot\frac{x^2}{r^4}+\frac{\partial u}{\partial r}\cdot\left(\frac{1}{r}-\frac{y^2}{r^3}\right)-\frac{\partial u}{\partial \theta}\cdot\frac{2xy}{r^4}.$$

将上述两式相加, 我们得到二维拉普拉斯算子对应的极坐标表达形式:

$$\Delta u=\frac{\partial^2 u}{\partial r^2}+\frac{1}{r}\frac{\partial u}{\partial r}+\frac{1}{r^2}\cdot\frac{\partial^2 u}{\partial \theta^2}=\frac{1}{r}\frac{\partial}{\partial r}\left(r\frac{\partial u}{\partial r}\right)+\frac{1}{r^2}\cdot\frac{\partial^2 u}{\partial \theta^2}. \tag{3.28}$$

同理, 对于三维笛卡儿坐标系 (x,y,z) 下的拉普拉斯算子, 我们同样可以引入对应的极坐标系 (r,θ,φ), 满足

$$\begin{cases} x=r\sin\theta\cos\varphi; \\ y=r\sin\theta\sin\varphi; \\ z=r\cos\theta, \end{cases} \tag{3.29}$$

其中, $r>0$, $\theta\in[0,\pi)$, $\varphi\in[0,2\pi)$. 球坐标自变量的几何意义可以参考图 3.2 类似二维情形, 通过链式法则可以得到

$$\Delta u=\frac{1}{r^2}\frac{\partial}{\partial r}\left(r^2\frac{\partial u}{\partial r}\right)+\frac{1}{r^2\sin\theta}\frac{\partial}{\partial \theta}\left(\sin\theta\frac{\partial u}{\partial \theta}\right)+\frac{1}{r^2\sin^2\theta}\cdot\frac{\partial^2 u}{\partial \varphi^2}. \tag{3.30}$$

上式的推导留作课后作业.

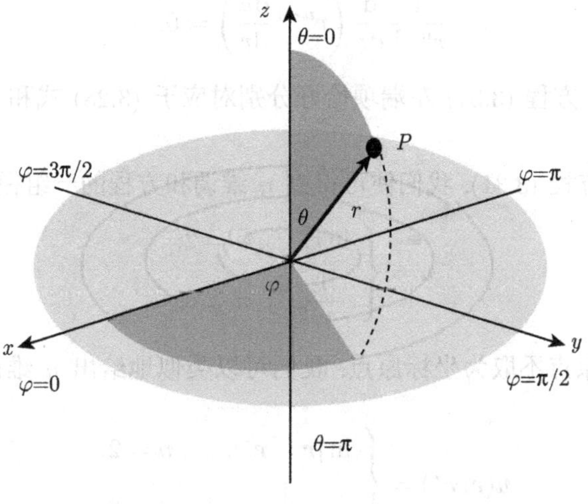

图 3.2 球坐标变换 (3.29) 式之几何意义

3.3.2　调和方程的径向解

接下来, 考虑调和方程一种具有特殊形式的解 ——**径向解**(radial solution). 给定 $\mathbb{R}^n$ 空间中的某点 $\boldsymbol{r}^*$, 若函数 u 在空间中任意一点 $\boldsymbol{r}$ 对应的函数值只依赖于该点到 $\boldsymbol{r}^*$ 的距离, 称此时的 u 是一个**径向函数** (radial function), 即 $u = u(|\boldsymbol{r}-\boldsymbol{r}^*|)$.

在定义径向函数时, 我们除了需要给出空间自变量 $\boldsymbol{r}$, 还需要明确径向取值的参考点 $\boldsymbol{r}^*$. 在本书中, 我们统一用 $u(\boldsymbol{r};\boldsymbol{r}^*)$ 来表示这类以空间坐标为参数的函数. 径向解的表达式在求解调和方程的过程中扮演重要的意义.

寻找 n-维调和方程的径向解. 首先我们假定 $\boldsymbol{r}^*$ 为坐标原点, 则 u 在极坐标系下只是径向 r 的一元函数: $u = u(r)$. 这里由于空间可以是任意维度, 我们用 r_i, $i = 1, \cdots, n$, 来表示第 i 维的自变量. 可以利用链式法则, 将 u 关于 r_i 的偏导数转换为其关于 r 的导数表达式:

$$\frac{\partial u}{\partial r_i} = \frac{\mathrm{d}u}{\mathrm{d}r} \cdot \frac{\partial r}{\partial r_i} = \frac{\mathrm{d}u}{\mathrm{d}r} \cdot \frac{r_i}{r}.$$

再对上式关于 r_i 求一次偏导数有

$$\frac{\partial^2 u}{\partial r_i^2} = \frac{\mathrm{d}^2 u}{\mathrm{d}r^2} \cdot \frac{r_i^2}{r^2} + \frac{\mathrm{d}u}{\mathrm{d}r} \cdot \left(\frac{1}{r} - \frac{r_i^2}{r^3}\right).$$

将上式关于 i 求和, 便得到 n 维调和方程径向解所满足的常微分方程:

$$\frac{\mathrm{d}^2 u}{\mathrm{d}r^2} + \frac{n-1}{r} \cdot \frac{\mathrm{d}u}{\mathrm{d}r} = 0.$$

该常微分方程左边的两项可以合并为

$$\frac{1}{r^{n-1}} \frac{\mathrm{d}}{\mathrm{d}r}\left(r^{n-1}\frac{\mathrm{d}u}{\mathrm{d}r}\right) = 0. \tag{3.31}$$

当 $n = 2$ 或 3 时, 方程 (3.31) 左端项恰好分别对应于 (3.28) 式和 (3.30) 式右端关于 r 的偏导数项.

求解常微分方程 (3.31), 我们便可得到 n 维调和方程的一组径向解表达式:

$$u = \begin{cases} \ln r, & n = 2; \\ \dfrac{1}{r^{n-2}}, & n \geqslant 3. \end{cases} \tag{3.32}$$

若径向解的原点不取为坐标原点, 我们可以类似地给出 n 维调和方程一般径向解的表达式

$$u(\boldsymbol{r};\boldsymbol{r}^*) = \begin{cases} \ln|\boldsymbol{r}-\boldsymbol{r}^*|, & n = 2; \\ \dfrac{1}{|\boldsymbol{r}-\boldsymbol{r}^*|^{n-2}}, & n \geqslant 3. \end{cases} \tag{3.33}$$

3.4 格林函数法

本节我们将介绍用格林函数法求解泊松方程对应的偏微分方程定解问题. 其关键思路是将未知函数表达为边界条件及方程右端项函数积分的形式. 而在推导过程中, 我们也将介绍基本解这一重要概念.

3.4.1 格林公式的应用

根据泊松方程的定解条件, 其内问题可以完全由边界条件确定. 而本节将考虑如何将问题的解完全由边界条件和已知函数 f 来表达出来. 我们将以下述狄利克雷内问题为例

$$\begin{cases} \Delta u = 0, \quad \boldsymbol{r} \in \Omega; \\ u|_{\partial\Omega} = h. \end{cases} \tag{3.34}$$

根据格林公式, 对于 $\mathbb{R}^n$ 空间上定义的函数 u, v, 均有

$$\int_\Omega u\Delta v \mathrm{d}\boldsymbol{r} = \int_{\partial\Omega} u\frac{\partial v}{\partial n}\mathrm{d}\Gamma - \int_\Omega \nabla u \cdot \nabla v \mathrm{d}\boldsymbol{r}. \tag{3.35}$$

式 (3.35) 也称为格林第一公式. 若将上式中的 u 与 v 互换, 可得

$$\int_\Omega v\Delta u \mathrm{d}\boldsymbol{r} = \int_{\partial\Omega} v\frac{\partial u}{\partial n}\mathrm{d}\Gamma - \int_\Omega \nabla u \cdot \nabla v \mathrm{d}\boldsymbol{r}.$$

将两式相减, 便得到格林第二公式:

$$\int_\Omega (u\Delta v - v\Delta u)\,\mathrm{d}\boldsymbol{r} = \int_{\partial\Omega} \left(u\frac{\partial v}{\partial n} - v\frac{\partial u}{\partial n}\right)\mathrm{d}\Gamma. \tag{3.36}$$

现在我们具体讨论三维空间情形下问题 (3.34) 解在 $\boldsymbol{r}^* \in \Omega$ 处的表达式. 如图 3.3(a) 所示, 在 Ω 内去掉一个以 $\boldsymbol{r}^*$ 为球心, δ 为半径的小球, 用 $\mathcal{O}_\delta(\boldsymbol{r}^*)$ 表示. 在区域 $\Omega \backslash \mathcal{O}_\delta(\boldsymbol{r}^*)$ 内应用格林第二公式 (3.36) 并选取

$$v = \frac{1}{|\boldsymbol{r} - \boldsymbol{r}^*|} \overset{\text{def}}{=\!=} \frac{1}{r},$$

于是有

$$\begin{aligned} &\iiint_{\Omega\backslash\mathcal{O}_\delta(\boldsymbol{r}^*)} \left(u\Delta\left(\frac{1}{r}\right) - \frac{1}{r}\Delta u\right)\mathrm{d}\boldsymbol{r} \\ =& \iint_{\partial\Omega}\left[u\frac{\partial}{\partial n}\left(\frac{1}{r}\right) - \frac{1}{r}\frac{\partial u}{\partial n}\right]\mathrm{d}S_{\boldsymbol{r}} + \iint_{\partial\mathcal{O}_\delta(\boldsymbol{r}^*)}\left[u\frac{\partial}{\partial n}\left(\frac{1}{r}\right) - \frac{1}{r}\frac{\partial u}{\partial n}\right]\mathrm{d}S_{\boldsymbol{r}}, \end{aligned} \tag{3.37}$$

这里下标$\boldsymbol{r}$ 表示 $\mathrm{d}S_{\boldsymbol{r}}$ 是以 $\boldsymbol{r}$ 为积分变量的面积微元. 此外, "$\dfrac{\partial}{\partial n}$" 表示区域 $\Omega\backslash\mathcal{O}_\delta(\boldsymbol{r}^*)$ 的边界外法向导数. 特别地, 如图 3.3(a) 所示, 对于 $\partial\mathcal{O}_\delta(\boldsymbol{r}^*)$ 边界, 其外法向沿小球径向指向球心 $\boldsymbol{r}^*$.

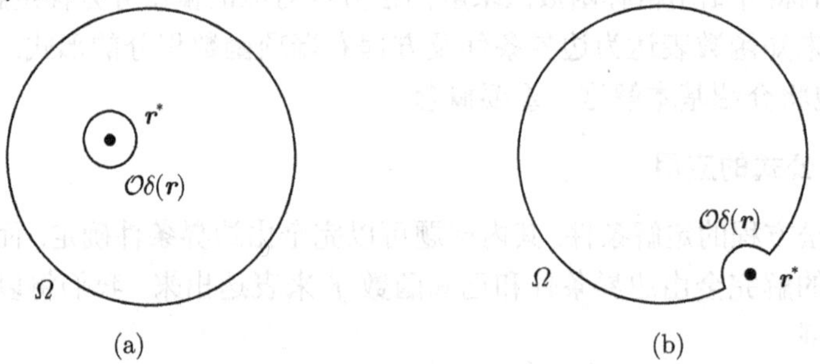

图 3.3 积分区域示意图

由于 u 是问题 (3.34) 的解, 有 $\Delta u = 0$. 此外, 由 3.3 节的讨论可知, $1/r$ 在区域 $\Omega\backslash\mathcal{O}_\delta(\boldsymbol{r}^*)$ 内满足调和方程. 于是 (3.37) 式左端项为 0, 可以化简为

$$\iint_{\partial\Omega}\left[u\frac{\partial}{\partial n}\left(\frac{1}{r}\right)-\frac{1}{r}\frac{\partial u}{\partial n}\right]\mathrm{d}S_{\boldsymbol{r}}=\iint_{\partial\mathcal{O}_\delta(\boldsymbol{r}^*)}\left[\frac{1}{r}\frac{\partial u}{\partial n}-u\frac{\partial}{\partial n}\left(\frac{1}{r}\right)\right]\mathrm{d}S_{\boldsymbol{r}}. \tag{3.38}$$

接下来逐项考虑 (3.38) 式右端项在 $\delta\to 0$ 时的极限表达式. 当积分区域是 $\partial\mathcal{O}_\delta(\boldsymbol{r}^*)$ 时, $r=|\boldsymbol{r}-\boldsymbol{r}^*|=\delta$. 于是有

$$\iint_{\partial\mathcal{O}_\delta(\boldsymbol{r}^*)}\frac{1}{r}\frac{\partial u}{\partial n}\mathrm{d}S_{\boldsymbol{r}}=\frac{1}{\delta}\iint_{\partial\mathcal{O}_\delta(\boldsymbol{r}^*)}\frac{\partial u}{\partial n}\mathrm{d}S_{\boldsymbol{r}}=\frac{1}{\delta}\left.\frac{\partial u}{\partial n}\right|_{\tilde{\boldsymbol{r}}\in\partial\mathcal{O}_\delta(\boldsymbol{r}^*)}4\pi\delta^2,$$

其中第二个等式利用了积分中值定理, 即有界区域上连续函数的积分可表达为函数在积分区域某点 $\tilde{\boldsymbol{r}}$ 的取值乘以区域的面积/体积. 令 $\delta\to 0$, 有

$$\iint_{\partial\mathcal{O}_\delta(\boldsymbol{r}^*)}\frac{1}{r}\frac{\partial u}{\partial n}\mathrm{d}S_{\boldsymbol{r}}=4\pi\delta\cdot\left.\frac{\partial u}{\partial n}\right|_{\tilde{\boldsymbol{r}}\in\partial\mathcal{O}_\delta(\boldsymbol{r}^*)}\to 0. \tag{3.39}$$

因此, (3.38) 式积分中的第一项为 0.

再考虑 (3.38) 式右端第二项. 在 $\partial\mathcal{O}_\delta(\boldsymbol{r}^*)$ 上, $\Omega\backslash\mathcal{O}_\delta(\boldsymbol{r}^*)$ 的外法向指向球心 $\boldsymbol{r}^*$, 即径向 r 的反方向. 于是有

$$\iint_{\partial\mathcal{O}_\delta(\boldsymbol{r}^*)}u\frac{\partial}{\partial n}\left(\frac{1}{r}\right)\mathrm{d}S_{\boldsymbol{r}}=-\iint_{\partial\mathcal{O}_\delta(\boldsymbol{r}^*)}u\frac{\mathrm{d}}{\mathrm{d}r}\left(\frac{1}{r}\right)\mathrm{d}S_{\boldsymbol{r}}=\frac{1}{\delta^2}\cdot 4\pi\delta^2\cdot u|_{\tilde{\boldsymbol{r}}\in\partial\mathcal{O}_\delta(\boldsymbol{r}^*)}.$$

当 $\delta\to 0$ 时, $\tilde{\boldsymbol{r}}\to\boldsymbol{r}^*$, 从而有

$$\iint_{\partial\mathcal{O}_\delta(\boldsymbol{r}^*)}u\frac{\partial}{\partial n}\left(\frac{1}{r}\right)\mathrm{d}S_{\boldsymbol{r}}\to 4\pi u(\boldsymbol{r}^*). \tag{3.40}$$

将 (3.39) 式与 (3.40) 式代入 (3.38) 式并利用 $r = |\boldsymbol{r} - \boldsymbol{r}^*|$ 再整理后得到

$$u\left(\boldsymbol{r}^*\right) = \frac{1}{4\pi}\iint_{\partial\Omega}\left[\frac{1}{|\boldsymbol{r} - \boldsymbol{r}^*|} \cdot \frac{\partial u}{\partial n} - u\frac{\partial}{\partial n}\left(\frac{1}{|\boldsymbol{r} - \boldsymbol{r}^*|}\right)\right]\mathrm{d}S_{\boldsymbol{r}}. \tag{3.41}$$

在上述推导过程中, 我们发现径向函数 $\dfrac{1}{4\pi|\boldsymbol{r} - \boldsymbol{r}^*|}$ 扮演重要的角色. 它不仅在 $\Omega\backslash\mathcal{O}_\delta(\boldsymbol{r}^*)$ 内满足调和方程, 更通过 $\boldsymbol{r}^*$ 的邻域内的边界积分与 u 在 $\boldsymbol{r}^*$ 处的函数值建立直接的联系. 我们称 $v = \dfrac{1}{4\pi|\boldsymbol{r} - \boldsymbol{r}^*|}$ 为三维泊松方程的一个*基本解* (fundamental solution).

若 $\boldsymbol{r}^*$ 落在区域的边界 $\partial\Omega$ 上, 我们依然可以利用上述方法给出 $u(\boldsymbol{r}^*)$ 的相应表达式. 唯一的不同如图 3.3(b) 所示, 我们考虑的积分区域是 Ω 去掉一个以 $\boldsymbol{r}^*$ 为球心, δ 为半径的半球, 用 $\Omega_\delta(\boldsymbol{r}^*)$ 表示. 此时再使用积分中值定理时, 相应积分区域的面积变为 $2\pi\delta^2$. 可以得到

$$u|_{\boldsymbol{r}^* \in \partial\Omega} = \frac{1}{2\pi}\iint_{\partial\Omega}\left[\frac{1}{|\boldsymbol{r} - \boldsymbol{r}^*|} \cdot \frac{\partial u}{\partial n} - u\frac{\partial}{\partial n}\left(\frac{1}{|\boldsymbol{r} - \boldsymbol{r}^*|}\right)\right]\mathrm{d}S_{\boldsymbol{r}}. \tag{3.42}$$

式 (3.42) 的推导留作课后作业.

由 (3.41) 式, 我们成功将区域 Ω 内的调和函数 u 用其在边界上的积分表达出来. 这也表明调和函数可由其边界条件完全决定. 然而, 对比 (3.41) 式, 若要得到 $u(\boldsymbol{r}^*)$ 的值, 我们需要同时知道 u 在边界上的函数值与外法向导数值. 这显然多于调和方程定解条件所能给出的边界条件信息. 例如, 对于问题 (3.34), 我们只知道 u 在边界上的函数值, 但不知道其外法向导数值. 因此, (3.41) 式仍无法直接用于求解问题 (3.34).

解决该问题的一个方法是利用 (3.42) 式首先将边界信息的未知部分用数值的方法计算出来. 这是*边界元*(boundary element) 方法的基本思想, 需要借助计算机实现, 在此不做赘述.

解决上述问题的另一种方法是通过构造的方法将边界上的未知信息消去. 考虑一个调和函数 $g(\boldsymbol{r}; \boldsymbol{r}^*)$, 其关于 $\boldsymbol{r}$ 满足调和方程, 而 $\boldsymbol{r}^*$ 可以看作是参数. 利用格林第二公式 (3.36), 令 $v = g$, 有

$$0 = \iiint_\Omega (u\Delta g - g\Delta u)\,\mathrm{d}\boldsymbol{r} = \iint_{\partial\Omega}\left(u\frac{\partial g}{\partial n} - g\frac{\partial u}{\partial n}\right)\mathrm{d}S_{\boldsymbol{r}}. \tag{3.43}$$

进一步令 g 在 $\partial\Omega$ 与基本解 $\dfrac{1}{4\pi|\boldsymbol{r} - \boldsymbol{r}^*|}$ 在任意 $\boldsymbol{r} \in \partial\Omega$ 处的取值均相等, 即 $g(\boldsymbol{r}; \boldsymbol{r}^*)$ 满足

$$\begin{cases} \Delta g(\boldsymbol{r}; \boldsymbol{r}^*) = 0, \ \boldsymbol{r} \in \Omega; \\ g|_{\boldsymbol{r} \in \partial\Omega} = \left.\dfrac{1}{4\pi|\boldsymbol{r} - \boldsymbol{r}^*|}\right|_{\boldsymbol{r} \in \partial\Omega}. \end{cases} \tag{3.44}$$

此时将 (3.41) 式与 (3.43) 式相减便可将关于 u 在边界上偏导数的积分项完全消去, 从而得到

$$u\left(\boldsymbol{r}^*\right)=-\iint_{\partial\Omega} u\cdot\frac{\partial}{\partial n}\left(\frac{1}{4\pi|\boldsymbol{r}-\boldsymbol{r}^*|}-g(\boldsymbol{r};\boldsymbol{r}^*)\right)\mathrm{d}S_{\boldsymbol{r}}. \tag{3.45}$$

为简单起见, 引入

$$G(\boldsymbol{r};\boldsymbol{r}^*)=\frac{1}{4\pi|\boldsymbol{r}-\boldsymbol{r}^*|}-g(\boldsymbol{r};\boldsymbol{r}^*), \tag{3.46}$$

代入 (3.45) 式时可将问题 (3.34) 的解最终表达为

$$u\left(\boldsymbol{r}^*\right)=-\iint_{\partial\Omega} h\cdot\frac{\partial G}{\partial n}\,\mathrm{d}S_{\boldsymbol{r}}, \tag{3.47}$$

我们将狄利克雷型边界条件 $u|_{\partial\Omega}=h$ 也同时代入其中. 这里称 (3.46) 式所定义的函数 $G(\boldsymbol{r};\boldsymbol{r}^*)$ 为问题 (3.34) 所对应的**格林函数**(Green's formula).

这里一个供思考的问题是, 若我们考虑的问题是调和方程的狄利克雷外问题, 即 Ω 为无界区域时, (3.41) 式该如何表达? 此时调和函数 $g(\boldsymbol{r};\boldsymbol{r}^*)$ 所满足的方程 [对比 (3.44)] 又该如何给出?

3.4.2 格林函数法求解泊松方程

若将问题 (3.34) 中的调和方程换成泊松方程, 即

$$\begin{cases} -\Delta u=f, \quad \boldsymbol{r}\in\Omega; \\ u|_{\partial\Omega}=h. \end{cases} \tag{3.48}$$

我们依然可以仿照 (3.41) 式的推导过程给出

$$u\left(\boldsymbol{r}^*\right)=\frac{1}{4\pi}\iint_{\partial\Omega}\left[\frac{1}{|\boldsymbol{r}-\boldsymbol{r}^*|}\cdot\frac{\partial u}{\partial n}-u\cdot\frac{\partial}{\partial n}\left(\frac{1}{|\boldsymbol{r}-\boldsymbol{r}^*|}\right)\right]\mathrm{d}S_{\boldsymbol{r}}-\frac{1}{4\pi}\iiint_{\Omega}\frac{f(\boldsymbol{r})\,\mathrm{d}\boldsymbol{r}}{|\boldsymbol{r}-\boldsymbol{r}^*|}, \tag{3.49}$$

其中, 最后一项体积分是由 (3.15) 式定义的.

特别地, 当考虑区域 $\Omega=\mathbb{R}^3$ 时, 且要求 u 及其一阶偏导数都在无穷远处趋向于零, 则 (3.49) 式可化为

$$u\left(\boldsymbol{r}^*\right)=-\frac{1}{4\pi}\iiint_{\mathbb{R}^3}\frac{f(\boldsymbol{r})\mathrm{d}\boldsymbol{r}}{|\boldsymbol{r}-\boldsymbol{r}^*|}. \tag{3.50}$$

这与静电学中得到的结论一致.

基于 (3.50) 式的一个观察是, 泊松方程的解可以由控制方程右端项 $-f(\boldsymbol{r})$ 和对应齐次方程 (也就是调和方程) 的基本解做卷积得到. 实际上, 该结论适用于一般的线性偏微分方程. 实际上, 基本解在求解线性微分方程的过程中具有重要的意义.

当我们需要在区域边界上给边界条件时, (3.49) 式中依然同时涉及了 u 在边界上的值和其法向偏导数值, 因此必须通过某些方法将含仍然未知的 u 的法向导数项消去. 对于问题 (3.50) 式, (3.43) 式左端不再等于零, 而满足

$$\iiint_{\Omega} f(r)g(\boldsymbol{r};\boldsymbol{r}^*)\,\mathrm{d}\boldsymbol{r} = \iiint_{\Omega} (u\Delta g - g\Delta u)\,\mathrm{d}\boldsymbol{r} = \iint_{\partial\Omega}\left(u\frac{\partial g}{\partial n} - g\frac{\partial u}{\partial n}\right)\mathrm{d}S_{\boldsymbol{r}}. \tag{3.51}$$

类似地, 将 (3.49) 式与 (3.51) 式相减, 并再次引入 (3.46) 式定义的格林函数 $G(\boldsymbol{r};\boldsymbol{r}^*)$, 可将问题 (3.48) 式的解表达出来:

$$u(\boldsymbol{r}^*) = -\iint_{\partial\Omega} h(\boldsymbol{r})\cdot\frac{\partial G}{\partial n}\,\mathrm{d}S_{\boldsymbol{r}} - \iiint_{\Omega} f(\boldsymbol{r})G(\boldsymbol{r};\boldsymbol{r}^*)\,\mathrm{d}\boldsymbol{r}. \tag{3.52}$$

这里我们看到, 当计算区域与边界条件类型相同时, 调和方程与泊松方程所对应的格林函数表达式完全一致. 这也表明, 线性偏微分方程的格林函数与其所对应的微分算子 (在这里是拉普拉斯算子) 有关, 而与控制方程是否齐次无关.

3.4.3 格林函数的性质与讨论

最后讨论 (3.46) 式所定义的格林函数 $G(\boldsymbol{r};\boldsymbol{r}^*)$ 的一些性质.

性质 3.1 当 $\boldsymbol{r}\to\boldsymbol{r}^*$ 时, G 趋向于无穷大的速度与 $1/(4\pi|\boldsymbol{r}-\boldsymbol{r}^*|)$ 一致, 即格林函数 G 与 $1/(4\pi|\boldsymbol{r}-\boldsymbol{r}^*|)$ 在 $\boldsymbol{r}\to\boldsymbol{r}^*$ 时为同阶无穷大量.

性质 3.2 根据问题 (3.44) 中的边界条件, 格林函数 $G(\boldsymbol{r};\boldsymbol{r}^*)$ 在 Ω 边界上恒等于 0.

性质 3.3 $G(\boldsymbol{r};\boldsymbol{r}^*)$ 的自变量 $\boldsymbol{r}$ 与参变量 $\boldsymbol{r}^*$ 之间具有对称性, 即对于 Ω 内任意两点 $\boldsymbol{r}$ 和 $\boldsymbol{s}$, 均成立

$$G(\boldsymbol{r};\boldsymbol{s}) = G(\boldsymbol{s};\boldsymbol{r}).$$

性质 3.4 对于任意包含 $\boldsymbol{r}^*$ 的区域 Ω_0, 恒成立

$$\iint_{\partial\Omega_0}\frac{\partial G}{\partial n}\mathrm{d}S_{\boldsymbol{r}} = -1. \tag{3.53}$$

上述证明基本都比较直接.

特别地, (3.46) 式中的格林函数 $G(\boldsymbol{r},\boldsymbol{r}^*)$ 在静电学中也有相应的物理意义. 我们已知, 在 $\boldsymbol{r}^*$ 点处的单位点电荷其在 $\boldsymbol{r}$ 点处产生的电势为 $1/(4\pi|\boldsymbol{r}-\boldsymbol{r}^*|)$, 而 $G(\boldsymbol{r},\boldsymbol{r}^*)$ 在 Ω 的边界上取 0 值表示 $\partial\Omega$ 为零等势面. 现假设介质 $\partial\Omega$ 为一导体包壳, 若其与地相连, 则该导体表面就变成了零等势面. 这就是物理上的**静电屏蔽效应**(electrostatic screening effect).

基于此视角, 由 (3.44) 式给定的 $-g(\boldsymbol{r},\boldsymbol{r}^*)$ 就表示该包壳内**感应电荷**(induced charge) 所产生的静电势. 直观上讲, 在 $\boldsymbol{r}$ 处感应电荷在 $\boldsymbol{s}$ 处所产生的电势应该等于

在 s 处感应电荷在 r 处所产生的电势, 类似的原理在物理中成为**互易原理**(principle of reciprocity). 也就是说, $g(\boldsymbol{r};\boldsymbol{r}^*)$ 关于其自变量与参变量是对称的, 这也证明了上面的性质 3.3.

格林函数法是求解线性偏微分方程的一个重要方法. 对于本节所讨论的情形, 格林函数 $G(\boldsymbol{r};\boldsymbol{r}^*)$ 由三个因素共同决定: 第一是调和方程或泊松方程的形式, 或者更具体来讲, 由拉普拉斯算子 "Δ" 决定; 第二是边界条件, 这里我们讨论了狄利克雷边值问题, 其他边值问题下的格林函数的推导留作课后作业; 第三是区域 Ω 的几何形状, 换句话说, 即使前两个因素相同, 方程区域的变化也会改变格林函数的表达式.

通过上面的分析, 我们知道, 若要给出格林函数 $G(\boldsymbol{r},\boldsymbol{r}^*)$ 的表达式, 需要首先求解一个调和方程的狄利克雷问题 (3.44) 以获得 $g(\boldsymbol{r},\boldsymbol{r}^*)$ 的表达式. 在大部分情形下, 尤其是 Ω 的几何形状不规范时, 求解 $g(\boldsymbol{r},\boldsymbol{r}^*)$ 表达式往往与原问题 (3.48) 的难度一样大. 因此在实际求解过程中, 格林函数法一般只在规则几何区域的情形时具有重要的应用价值. 3.5 节我们将讨论如何求解两个规则区域, 球域和半空间内的格林函数.

3.5 静电源像法

3.4 节介绍了泊松方程狄利克雷内问题对应的格林函数. 本节将讨论利用静电源像法针对特定区域 (三维半空间与球) 给出对应格林函数的表达式.

根据 3.4 节讨论, 格林函数具有如下的表达形式:

$$G(\boldsymbol{r};\boldsymbol{r}^*)=\frac{1}{4\pi|\boldsymbol{r}-\boldsymbol{r}^*|}-g(\boldsymbol{r};\boldsymbol{r}^*), \tag{3.54}$$

其中, g 是关于自变量 $\boldsymbol{r}$ 的调和函数, 是问题 (3.44) 的解. 格林函数的物理意义是: 在 $\boldsymbol{r}^*$ 点处有一单位正电荷, 其感应电荷产生静电势 $-g(\boldsymbol{r};\boldsymbol{r}^*)$, 从而使得区域 Ω 边界成为零等势面. 而静电源像法的思路是, 在区域 Ω 以外放置一系列的电荷, 扮演感应电荷的角色, 即其对应的电势由 $-g(\boldsymbol{x};\boldsymbol{x}^*)$ 刻画, 从而使得系统总电势在 $\partial\Omega$ 任何一点均恒等于零.

3.5.1 三维半空间问题静电源像法

首先利用静电源像法构造三维半空间内调和方程所对应的格林函数. 考虑如下定解问题:

$$\begin{cases}\Delta u=0, \quad (x,y,z)\in\mathbb{R}\times\mathbb{R}\times\mathbb{R}^+;\\ u|_{z=0}=h(x,y)\\ \lim\limits_{\sqrt{x^2+y^2+z^2}\to\infty} u(x,y,z)=0.\end{cases} \tag{3.55}$$

我们考虑的求解区域 Ω 为三维半空间 $\{(x,y,z)|z>0\}$. 此时 Ω 为无界区域, 因此所对应的是狄利克雷外问题. 所以除了要在区域边界 $z=0$ 平面上提边界条件, 还需给出 u 在无穷远处的渐进值.

接下来, 推导出问题 (3.55) 所对应的格林函数. 需寻找相应感应电荷分布, 使得 $z=0$ 平面为零等势面. 根据静电学知识, 我们可知若在 $\boldsymbol{r}^*$ 关于 $z=0$ 平面镜像对称位置 (图 3.4) 放一单位负电荷, 则 $z=0$ 平面可成为零等势面. 若我们以 $\tilde{\boldsymbol{r}}^*$ 来表示 $\boldsymbol{r}^*$ 点的镜像点, 则其坐标可表示为 $\tilde{\boldsymbol{r}}^*=(x^*,y^*,-z^*)$. 则感应电荷所产生的静电势满足

$$-g(\boldsymbol{r};\boldsymbol{r}^*)=-\frac{1}{4\pi\sqrt{(x-x^*)^2+(y-y^*)^2+(z+z^*)^2}}. \tag{3.56}$$

代入 (3.54) 式有

$$G=\frac{1}{4\pi}\left[\frac{1}{\sqrt{(x-x^*)^2+(y-y^*)^2+(z-z^*)^2}}-\frac{1}{\sqrt{(x-x^*)^2+(y-y^*)^2+(z+z^*)^2}}\right]. \tag{3.57}$$

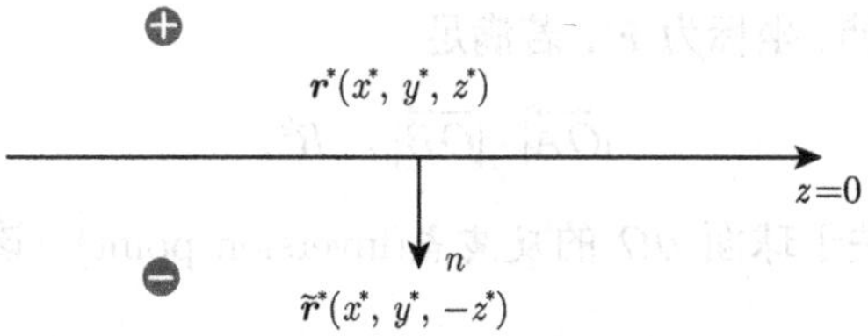

图 3.4 半空间内静电源像法示意图

式 (3.57) 是我们基于物理视角构造的. 我们还需从数学角度验证由 (3.57) 式所定义的 G 确实为问题 (3.55) 对应格林函数, 或者等价的, 需要验证 (3.56) 式中的 g 函数: ① 是关于 (x,y,z) 的调和函数, ② 在边界 $z=0$ 上满足齐次狄利克雷边界条件 [对比问题 (3.44)]; ③ 在无穷远处趋向于 0.

对于条件①, 由于感应电荷放在区域 Ω 以外, 其产生的感应电势 $-g$ 自然满足调和方程; 对于条件②, 将 $z=0$ 代入 (3.57) 式可得

$$G|_{z=0}=\frac{1}{4\pi}\left[\frac{1}{\sqrt{(x-x^*)^2+(y-y^*)^2+(z^*)^2}}-\frac{1}{\sqrt{(x-x^*)^2+(y-y^*)^2+(z^*)^2}}\right]=0;$$

条件③ 可以直接验证得到. 因此 (3.57) 式给出了三维半空间内调和方程狄利克雷问题的格林函数.

因此, 问题 (3.55) 的解可表达为

$$u(x^*,y^*,z^*)=-\iint_{z=0}h\frac{\partial G}{\partial n}\mathrm{d}S_{\boldsymbol{r}}. \tag{3.58}$$

注意到上式的面积微元在本例中实际上是 $z=0$ 平面内的面积微元, 即 $\mathrm{d}S_r=\mathrm{d}x\mathrm{d}y$; 而 Ω 在边界 $z=0$ 处的外法向实际是上 $-z$ 方向, 于是有

$$\left.\frac{\partial G}{\partial n}\right|_{z=0}=-\left.\frac{\partial G}{\partial z}\right|_{z=0}=-\frac{z^*}{2\pi[(x-x^*)^2+(y-y^*)^2+(z^*)^2]^{\frac{3}{2}}}.$$

代入 (3.58) 式给出问题 (3.55) 的通解表达式:

$$u(x^*,y^*,z^*)=\frac{z^*}{2\pi}\int_{-\infty}^{+\infty}\int_{-\infty}^{+\infty}\frac{h(x,y)\mathrm{d}x\mathrm{d}y}{[(x-x^*)^2+(y-y^*)^2+(z^*)^2]^{\frac{3}{2}}}. \tag{3.59}$$

3.5.2 球域问题的静电源像法

若求解区域为半径为 R 的球, 即 $\Omega=\{\boldsymbol{r}||\boldsymbol{r}|<1\}$, 此时考虑如下定解问题:

$$\begin{cases}\Delta u=0, & \boldsymbol{r}\in\Omega;\\ u|_{\partial\Omega}=h(\boldsymbol{r}).\end{cases} \tag{3.60}$$

如图 3.5 所示, 假设球域 Ω 的中心在坐标原点, 用字母 O 表示. 对于球内任意一点 A, 其坐标为 $\boldsymbol{r}^*$. 我们考虑以 $\boldsymbol{r}^*$ 为参变量之格林函数的表达式. 将向量 $\overrightarrow{OA}$ 延长到球面外的 B 点, 坐标为 $\tilde{\boldsymbol{r}}^*$. 若满足

$$|\overrightarrow{OA}|\cdot|\overrightarrow{OB}|=R^2, \tag{3.61}$$

则称 B 点为 A 点关于球面 $\partial\Omega$ 的*反演点*(inversion point). 该反演点的坐标可表达为

$$\tilde{\boldsymbol{r}}^*=\frac{R^2}{|\boldsymbol{r}^*|^2}\boldsymbol{r}^*. \tag{3.62}$$

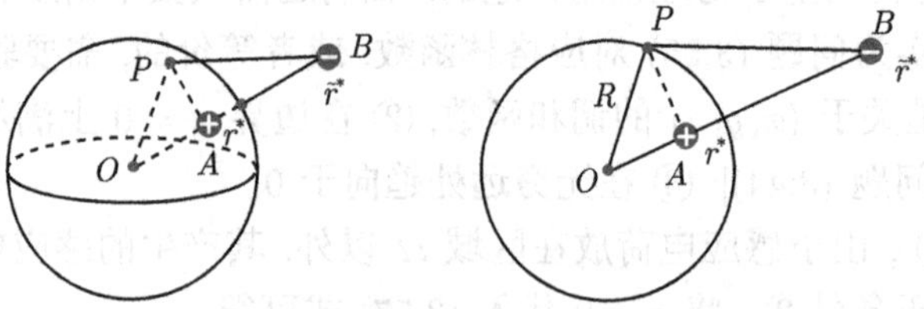

图 3.5 球形域内静电源像法示意图

假设问题 (3.60) 对应的格林函数具有如下形式:

$$G(\boldsymbol{r};\boldsymbol{r}^*)=\frac{1}{4\pi}\left(\frac{1}{|\boldsymbol{r}-\boldsymbol{r}^*|}-\frac{q}{|\boldsymbol{r}-\tilde{\boldsymbol{r}}^*|}\right), \tag{3.63}$$

即在 A 点的反演点 B 点处放一电量为 $-q$ 的感应电荷. 容易验证, 感应电荷产生的静电势

$$-g(\boldsymbol{r},\boldsymbol{r}^*)=-\frac{1}{4\pi}\cdot\frac{q}{|\boldsymbol{r}-\tilde{\boldsymbol{r}}^*|}$$

满足调和方程.

因此, 只需选取适当的感应电荷电量 q, 从而使得球面 $\partial\Omega$ 为零等势面. 为此我们考虑球面上任意一点 P, 设其坐标为 $\boldsymbol{r}_P$. 根据 (3.61) 式, $|\overrightarrow{OA}|\cdot|\overrightarrow{OB}|=|\overrightarrow{OP}|^2$. 且由于 $\angle POA=\angle BOP$, 可知三角形 POA 与三角形 BOP 相似. 于是得到

$$\frac{|\overrightarrow{PB}|}{|\overrightarrow{PA}|}=\frac{|\overrightarrow{OP}|}{|\overrightarrow{OA}|}.$$

注意到 $|\overrightarrow{OP}|=R$, $|\overrightarrow{OA}|=|\boldsymbol{r}^*|$, $|\overrightarrow{PA}|=|\boldsymbol{r}_P-\boldsymbol{r}^*|$, $|\overrightarrow{PB}|=|\boldsymbol{r}_P-\tilde{\boldsymbol{r}}^*|$. 于是上式可转化为

$$\frac{1}{|\boldsymbol{r}_P-\boldsymbol{r}^*|}-\frac{1}{|\boldsymbol{r}_P-\tilde{\boldsymbol{r}}^*|}\cdot\frac{R}{|\boldsymbol{r}^*|}=0.$$

对比上式与 (3.63) 式可以发现, 若令 $q=\dfrac{R}{|\boldsymbol{r}^*|}$, 则 $G|_{\boldsymbol{r}=\boldsymbol{r}_P}=0$, 即 $\partial\Omega$ 成为零等势面.

由此, 给出球域 Ω 内调和方程狄利克雷问题格林函数的表达式:

$$G(\boldsymbol{r};\boldsymbol{r}^*)=\frac{1}{4\pi}\left(\frac{1}{|\boldsymbol{r}-\boldsymbol{r}^*|}-\frac{R}{|\boldsymbol{r}^*|}\cdot\frac{1}{|\boldsymbol{r}-\tilde{\boldsymbol{r}}^*|}\right). \tag{3.64}$$

为得到问题 (3.60) 解的表达式, 我们需要知道 G 在球面上外法向导数值. 注意到球面的外法线方向就是径向方向. 引入三维极坐标系 (ρ,θ,φ), 即

$$\begin{cases}x=\rho\sin\theta\cos\varphi;\\ y=\rho\sin\theta\sin\varphi;\\ z=\rho\cos\theta,\end{cases}$$

其中, $\rho\geqslant 0$, $\theta\in[0,\pi)$, $\varphi\in[0,2\pi)$. 若令

$$\rho=|\boldsymbol{r}|,\qquad \rho^*=|\overrightarrow{OA}|=|\boldsymbol{r}^*|,\qquad \tilde{\rho}^*=|\overrightarrow{OB}|=|\tilde{\boldsymbol{r}}^*|=\frac{R^2}{\rho^*},$$

则 (3.64) 式在极坐标系下可以表示为

$$G=\frac{1}{4\pi}\left[\frac{1}{\sqrt{\rho^2+(\rho^*)^2-2\rho^*\rho\cos\gamma}}-\frac{R}{\sqrt{(\rho\rho^*)^2+2R^2\rho\rho^*\cos\gamma+R^4}}\right], \tag{3.65}$$

其中, γ 是向量 $\boldsymbol{r}$ 与 $\boldsymbol{r}^*$ 的夹角①. 于是有

$$\left.\frac{\partial G}{\partial n}\right|_{\partial\Omega}=\left.\frac{\partial G}{\partial\rho}\right|_{\rho=R}=\frac{1}{4\pi R}\cdot\frac{R^2-(\rho^*)^2}{(R^2+(\rho^*)^2-2R\rho^*\cos\gamma)^{\frac{3}{2}}}.$$

---

① 由于 $\boldsymbol{r}=\rho(\sin\theta\cos\varphi,\sin\theta\sin\varphi,\cos\theta)^{\mathrm{T}}$, $\boldsymbol{r}^*=\rho^*(\sin\theta^*\cos\varphi^*,\sin\theta^*\sin\varphi^*,\cos\theta^*)^{\mathrm{T}}$, 两向量夹角余弦值应满足

$$\cos\gamma=\cos\theta\cos\theta^*+\sin\theta\sin\theta^*\cos(\varphi-\varphi^*)$$

将上式代入 (3.52) 式可得球域内调和方程狄利克雷问题解的表达式:

$$u(\boldsymbol{r}^*) = \frac{1}{4\pi R}\iint_{|\boldsymbol{r}|=R} \frac{(R^2-(\rho^*)^2)h(\boldsymbol{r})\mathrm{d}S_{\boldsymbol{r}}}{(R^2+(\rho^*)^2-2R\rho^*\cos\gamma)^{\frac{3}{2}}}. \tag{3.66}$$

式 (3.66) 也被称为泊松公式. 类似地, 我们可以思考二维圆域内狄利克雷问题对应的格林函数表达式, 此处也留作课后作业.

3.6 狄拉克函数与基本解

在 3.4 节中, 介绍了调和方程基本解的概念. 本节将从另一视角对基本解的概念展开讨论, 希望借此探讨求解偏微分方程的一些共性方法.

3.6.1 狄拉克函数

当系统达到热平衡状态时, 其温度分布函数 $u(\boldsymbol{r})$ 满足泊松方程: $-\Delta u = f$, 其中 f 表示单位时间单位体积内热源向系统输入的热量. 现在考虑如何刻画单位 "点热源", 即该热源位于空间中的一点 (不妨设为坐标原点), 且其在单位时间内向系统注入单位热量. 点热源是一个理想热源, 其在空间中不占有体积. 而现实中的热源都有固定体积的. 但当热源的尺寸远小于计算区域尺寸时, 该热源可近似用点热源描述.

若用传统函数去刻画该单位点热源会出现困难. 这是因为 f 表示的是单位体积热源密度, 但该点热源并不占有空间体积. 从某种意义上讲, 在该点处的热源密度是无穷大, 在其他位置热源密度为零. 然而, 由于其单位时间内注入系统热量保持为定值, 该热源又是 "有限" 的.

因此, 我们必须以新的视角刻画这一物理概念. 一种方法是借助积分的途径来描述点热源. 若用 $\delta(\boldsymbol{r})$ 来表示单位点热源的空间分布 "函数", 根据其定义, $\delta(\boldsymbol{r})$ 应满足

$$\int_{\varOmega} \delta(\boldsymbol{r})\mathrm{d}\boldsymbol{r} = \begin{cases} 1, & \boldsymbol{r}\in\varOmega; \\ 0, & \boldsymbol{r}\notin\varOmega. \end{cases} \tag{3.67}$$

我们称由上式所定义的 "函数" 为狄拉克函数或 δ-函数. 这里需要指出的是, δ-函数并不是传统意义的函数, 而是一种*广义函数*(generalised function). 因此 (3.67) 式中的 "积分" 也不是传统意义下的黎曼积分. 由于我们的目的是尽量用最短的篇幅将 δ-函数这一非常重要的物理概念直观地呈现给读者, 因此本节的讨论在数学上并不严格, 有兴趣了解 δ-函数严格定义的读者需要一定的泛函分析基础.

我们也可以从其他物理视角来理解 δ-函数. 例如, 可以将 $\delta(\boldsymbol{r})$ 看作是一个描述空间质量分布全部集中在原点的密度函数. 一个具体的例子是原子结构, 原子的

所有质量几乎都集中在原子核处, 但原子核大小远小于原子半径. 因此 (单位质量) 原子内的质量密度分布可以用 δ-函数近似刻画.

基于 δ-函数该特点, 我们可以构造一个以 h 为参数的一元函数序列

$$\delta_h(x) = \begin{cases} \dfrac{1}{2h}, & |x| \leqslant h; \\ 0, & |x| > h. \end{cases} \tag{3.68}$$

若 $\delta_h(x)$ 描述的是一维空间的质量线密度分布, 可以证明 $\int_{\mathbb{R}} \delta_h(x)\,\mathrm{d}x = 1$, 即对于任意 h, 系统总质量恒为 1. 然而, 当 $h \to 0$ 时, 系统的质量趋向于集中在原点附近. 因此, 直观上讲, δ-函数可以看作传统函数序列 $\delta_h(x)$ 的极限.

基于上述观察, 我们还可以构造其他类型的函数序列:

$$\delta_h(x) = \frac{1}{\sqrt{2\pi h}} \mathrm{e}^{-\frac{x^2}{2h}}. \tag{3.69}$$

当 $h \to 0$ 时, $\delta_h(x) \rightharpoonup \delta(x)$. 这里我们使用 "$\rightharpoonup$" 来表示是因为其收敛的意义与经典收敛不同, 它表示的是一种*弱收敛*(weak convergence). 实际上, (3.69) 式定义的 $\delta_h(x)$ 是以 0 为期望, h 为方差的正态分布密度函数. 当方差 h 趋向于 0 时, 对应随机变量 X 落在 0 附近小区间里的概率也越来越高. 极限情形时, X 落在任何包含原点区间内概率为 100%. 换句话说, X 不再是一个随机变量, 而是对应于一个确定性事件 $X = 0$.

上述两个例子告诉我们, 虽然 δ-函数不是传统意义下的函数, 但它可以看作传统意义下函数序列的极限. 而 (3.69) 式告诉我们, 该函数序列中的函数可以无限次求导. 正是这种逼近的性质让我们可以在积分与极限的意义下定义 δ-函数与其他函数乘积的积分:

$$\int_{\mathbb{R}} \delta(x)g(x)\,\mathrm{d}x \overset{\text{def}}{=\!=} \lim_{h\to 0} \int_{\mathbb{R}} \delta_h(x)g(x)\,\mathrm{d}x$$

对于任意可积函数 $g(x)$ 均成立.

若 δ_h 采用 (3.68) 式定义的形式并使用微分中值定理, 有

$$\lim_{h\to 0} \int_{\mathbb{R}} \delta_h(x)g(x)\mathrm{d}x = \lim_{h\to 0} \frac{1}{2h} \int_{-h}^{h} g(x)\mathrm{d}x = \lim_{h\to 0} \frac{g(\epsilon h)}{2h} \cdot 2h = g(0),$$

其中 $0 < \epsilon < 1$. 因此, 对于任意连续函数 $g(x)$, 有如下广义 "积分" 表达式:

$$\int_{\mathbb{R}} \delta(x)g(x)\,\mathrm{d}x = g(0). \tag{3.70}$$

式 (3.70) 可以作为 δ-函数另一个不严格的定义: 若某 "函数" 与任何连续函数乘积的积分恒等于该连续函数在原点的取值, 则该 "函数" 为 δ-函数.

我们可以类似地定义高维空间下的 δ-函数, 且可以将其中心点平移到任何空间点 $\boldsymbol{r}^*$, 即

$$\int_{\mathbb{R}^n} \delta(\boldsymbol{r}-\boldsymbol{r}^*)g(\boldsymbol{r})\,\mathrm{d}\boldsymbol{r} = g(\boldsymbol{r}^*), \tag{3.71}$$

其中, n 表示空间的维数.

同样地, 也可以通过积分极限的方式定义 δ-函数与任意函数的卷积:

$$\delta(\boldsymbol{r}) * g(\boldsymbol{r}) \overset{\text{def}}{=\!=} \lim_{h\to 0}\int_{\mathbb{R}^n} \delta_h(\boldsymbol{s})g(\boldsymbol{r}-\boldsymbol{s})\,\mathrm{d}\boldsymbol{s} = g(\boldsymbol{r}). \tag{3.72}$$

上式表明 δ-函数与任意函数的卷积仍然等于该函数.

3.6.2 线性偏微分方程的基本解

基于以上讨论, 考虑如下方程

$$\Delta G(\boldsymbol{r},\boldsymbol{r}^*) = -\delta(\boldsymbol{r}-\boldsymbol{r}^*), \tag{3.73}$$

其中, $\boldsymbol{r}$ 为 G 的自变量; $\boldsymbol{r}^*$ 为参数, "Δ" 代表关于自变量 $\boldsymbol{r}$ 的拉普拉斯算子. 同样地, 若我们以传统函数的视角考虑 (3.73) 式, 其定义方式 (至少在 $\boldsymbol{r}=\boldsymbol{r}^*$ 处) 并不严格. 直观上, 我们可以用上述极限与积分的思路来考虑问题 (3.73) 的 "解".

首先考虑 $\boldsymbol{r}^*$ 附近 $G(\boldsymbol{r};\boldsymbol{r}^*)$ 的表达式. 对 (3.73) 式两端关于任意包含 $\boldsymbol{r}^*$ 的区域 Ω 内积分, 并利用 (3.67) 式可得

$$-1 = -\int_\Omega \delta(\boldsymbol{r}-\boldsymbol{r}^*)\,\mathrm{d}\boldsymbol{r} = \int_\Omega \Delta G\,\mathrm{d}\boldsymbol{r} = \int_{\partial\Omega}\frac{\partial G}{\partial n}\,\mathrm{d}S_{\boldsymbol{r}}, \quad \boldsymbol{r}^*\in\Omega.$$

式中最后一个等号来自格林公式 (这里我们假设格林公式可以使用).

将 Ω 取为以 $\boldsymbol{r}^*$ 为球心, 以 δ 为半径的球, 即 $\Omega=\mathcal{O}_\delta(\boldsymbol{r}^*)$, 此时 $\partial\Omega$ 的外法向与球的径向 $r=|\boldsymbol{r}-\boldsymbol{r}^*|$ 一致, 上式可以转化为

$$-1 = \int_{\partial\mathcal{O}_\delta(\boldsymbol{r}^*)}\frac{\partial G}{\partial n}\,\mathrm{d}S_{\boldsymbol{r}} = 4\pi\delta^2\cdot\left.\frac{\partial G}{\partial r}\right|_{\tilde{\boldsymbol{r}}\in\partial\mathcal{O}_\delta(\boldsymbol{r}^*)}. \tag{3.74}$$

由此可知, 当 $\delta\to 0$ 时, $\left.\dfrac{\partial G}{\partial r}\right|_{\tilde{\boldsymbol{r}}\in\partial\mathcal{O}_\delta(\boldsymbol{r}^*)}$ 需要与 $\dfrac{1}{4\pi\delta^2}$ 为同阶无穷大, 才能保证上述等式成立. 此时我们再进一步尝试 G 具有径向函数的表达形式, 即 $G(\boldsymbol{r};\boldsymbol{r}^*)=G(r)$. 将该径向函数形式代入 (3.74) 式可得

$$\frac{\mathrm{d}G}{\mathrm{d}r} = -\frac{1}{4\pi r^2}.$$

两边同时关于 r 积分可以得到, 当 $\boldsymbol{r}\to\boldsymbol{r}^*$ 时,

$$G \sim \frac{1}{4\pi|\boldsymbol{r}-\boldsymbol{r}^*|}. \tag{3.75}$$

另外, 方程 (3.73) 要求函数 G 在 $\boldsymbol{r}$ 远离 $\boldsymbol{r}^*$ 点时是调和函数. 由于 $\dfrac{1}{4\pi|\boldsymbol{r}-\boldsymbol{r}^*|}$ 恰好是调和方程的一个径向解. 这就说明

$$G(\boldsymbol{r};\boldsymbol{r}^*)=\frac{1}{4\pi|\boldsymbol{r}-\boldsymbol{r}^*|} \tag{3.76}$$

是 "方程"(3.73) 的一个 "解", 而 (3.76) 式定义的 G 正好是调和方程的基本解.

实际上, 基本解是求解线性偏微分方程定解问题的一个重要工具. 相关拓展可参考本章课后习题 14.

3.6.3 狄拉克函数与格林函数

最后, 讨论如何将狄拉克函数与调和方程的格林函数联系起来. 若 u 是调和方程狄利克雷内问题 (3.34) 的解, 将 u 与 G 代入格林第二公式 (3.36) 中有

$$-\int_\Omega u(\boldsymbol{r})\delta(\boldsymbol{r}-\boldsymbol{r}^*)\mathrm{d}\boldsymbol{r}=\int_\Omega (u\Delta G-G\Delta u)\,\mathrm{d}\boldsymbol{r}=\int_{\partial\Omega}\left(u\frac{\partial G}{\partial n}-G\frac{\partial u}{\partial n}\right)\mathrm{d}\Gamma.$$

利用 (3.71) 式, 上式的左端可化为 $-u(\boldsymbol{r}^*)$, 对其进行再整理得到

$$u(\boldsymbol{r}^*)=-\int_{\partial\Omega}\left(u\frac{\partial G}{\partial n}-G\frac{\partial u}{\partial n}\right)\mathrm{d}\Gamma.$$

与 3.4 节的讨论一致, 若定解问题使用的是狄利克雷型边界条件, 则需要求 $G|_{\partial\Omega}=0$ 的表达式从而将 u 边界法向导数信息消去. 这说明, G 除了满足方程, 还要同时满足齐次狄利克雷型边界条件:

$$\begin{cases}\Delta G(\boldsymbol{r},\boldsymbol{r}^*)=-\delta(\boldsymbol{r}-\boldsymbol{r}^*), & \boldsymbol{r}\in\Omega;\\ G|_{\partial\Omega}=0.\end{cases} \tag{3.77}$$

问题 (3.77) 可以形式上看作一个关于 G 的泊松方程定解问题. 实际上, 我们已经验证, $G(\boldsymbol{r};\boldsymbol{r}^*)$ 就是 3.4 节所讨论的调和方程狄利克雷内问题 (3.34) 所对应的格林函数.

基于上述讨论, 格林函数也是一个基本解, 但它还需满足一定的定解条件. 相应定解条件的选取一般通过将对应定解条件齐次化完成.

3.7 定解问题的唯一性

本节将讨论泊松方程定解问题的唯一性. 类似波动方程与热传导方程的情形, 我们只需讨论 $\Delta u=0$ 在相应齐次边界条件下是否只有零解. 这里将讨论狄利克雷与诺依曼问题解的唯一性.

3.7.1　平均值公式

引理　若 u 在区域 Ω 内调和, 且 u 在 Ω 及其边界 (也称为 Ω 的闭包) 保持连续, 则满足

$$\int_{\partial\Omega} \frac{\partial u}{\partial n} \mathrm{d}\Gamma = 0,$$

其中, $\mathrm{d}\Gamma$ 为边界的面/体微元.

证　利用格林公式有

$$0 = \int_{\Omega} \Delta u \mathrm{d}\boldsymbol{r} = \int_{\partial\Omega} \frac{\partial u}{\partial n} \mathrm{d}\Gamma. \quad \square$$

上述引理可以看作是高斯定理的一个推广. 我们也可以从热传导的视角讨论上述引理. 若 u 表示区域 Ω 内的温度分布, 则 $\int_{\partial\Omega} \frac{\partial u}{\partial n} \mathrm{d}\Gamma$ 表示单位时间内从区域外流入的热量. 由于调和方程对应的是系统达到热平衡时的状态, 因此流入 Ω 的总热量应该为 0.

由此我们得到该引理的一个直接应用. 考虑 (3.18b) 式所给出的诺依曼型边界条件: $\left.\frac{\partial u}{\partial n}\right|_{\partial\Omega} = h$. 由该引理可知, 调和方程诺依曼问题解存在的必要条件是 $\int_{\partial\Omega} \frac{\partial u}{\partial n} \mathrm{d}\Gamma = 0$. 基于上述引理给出如下平均值定理.

平均值定理　若 u 在三维区域 Ω 内调和, 且 u 在 Ω 及其边界 (也称为 Ω 的闭包) 保持连续, 则对于任意以 $\boldsymbol{r}^*$ 为球心, a 为半径的球 $\mathcal{O}_a(\boldsymbol{r}^*)$, 若该球落在 Ω 内部, 则有如下**平均值公式**(mean-value formula):

$$u(\boldsymbol{r}^*) = \frac{1}{4\pi a^2} \iint_{\partial\mathcal{O}_a(\boldsymbol{r}^*)} u(\boldsymbol{r}) \mathrm{d}S_{\boldsymbol{r}}. \tag{3.78}$$

证　若将 (3.41) 式中的区域 Ω 换成 $\mathcal{O}_a(\boldsymbol{r}^*)$ 可得

$$u(\boldsymbol{r}^*) = \frac{1}{4\pi} \iint_{\partial\mathcal{O}_a(\boldsymbol{r}^*)} \left[\frac{1}{r}\frac{\partial u}{\partial n} - u\frac{\partial}{\partial n}\left(\frac{1}{r}\right)\right] \mathrm{d}S_{\boldsymbol{r}}, \tag{3.79}$$

其中, $r = |\boldsymbol{r} - \boldsymbol{r}^*|$. 由于 r 在 $\partial\mathcal{O}_a(\boldsymbol{r}^*)$ 上恒为 a, 再利用上述引理可得

$$\frac{1}{4\pi} \iint_{\partial\mathcal{O}_a(\boldsymbol{r}^*)} \frac{1}{r}\frac{\partial u}{\partial n} \mathrm{d}S_{\boldsymbol{r}} = \frac{1}{4\pi a} \iint_{\partial\mathcal{O}_a(\boldsymbol{r}^*)} \frac{\partial u}{\partial n} \mathrm{d}S = 0.$$

另一方面, 有

$$\frac{1}{4\pi} \int_{\partial\mathcal{O}_a(\boldsymbol{r}^*)} u\frac{\partial}{\partial n}\left(\frac{1}{r}\right) \mathrm{d}S_{\boldsymbol{r}} = \frac{1}{4\pi} \int_{\partial\mathcal{O}_a(\boldsymbol{r}^*)} u\frac{\mathrm{d}}{\mathrm{d}r}\left(\frac{1}{r}\right) \mathrm{d}S_{\boldsymbol{r}} = -\frac{1}{4\pi a^2} \int_{\partial\mathcal{O}_a(\boldsymbol{r}^*)} u \, \mathrm{d}S_{\boldsymbol{r}}.$$

将上式代入 (3.79) 式后即可证明 (3.78) 式. □

这里一个思考的问题是对于二维调和函数, 其对应的平均值公式该如何表达与证明?

3.7.2 极值原理与狄利克雷问题解的唯一性

极值原理 若 u 是三维区域 Ω 内不恒等于常数的调和函数, 且 u 在 Ω 及其边界 (也称为 Ω 的闭包) 保持连续, 则 u 的极值不可能在 Ω 内部取到.

证明 我们采用反证法. 假设 u 可以在区域 Ω 内部的一点 $\boldsymbol{r}^*$ 处取到最大值 M, 则存在 $a>0$, 使得 $\mathcal{O}_a(\boldsymbol{r}^*)\subset\Omega$. 根据平均值公式,

$$u(\boldsymbol{r}^*)=\frac{1}{4\pi a^2}\iint_{\partial\mathcal{O}_a(\boldsymbol{r}^*)}u(\boldsymbol{r})\mathrm{d}S_{\boldsymbol{r}}=M.$$

上式告诉我们, u 在球 $\mathcal{O}_a(\boldsymbol{r}^*)$ 边界上的平均值等于区域内的最大值. 这只有一种可能: $u|_{\partial\mathcal{O}_a(\boldsymbol{r}^*)}=M$. 若我们改变半径 a 的值, 可以证明, 存在一个以 $\boldsymbol{r}^*$ 为球心的球域 K_1, 使得 u 在 K_1 内恒取区域最大值 M.

接下来证明, 对于区域中任意一点 $\boldsymbol{s}$, 均成立 $u(\boldsymbol{s})=M$. 若 $\boldsymbol{s}$ 落在 K_1 内, 则自然证明.

我们重点讨论 $\boldsymbol{s}\notin K_1$ 的情形. 如图 3.6 所示, 可以在 K_1 内找到更靠近 $\boldsymbol{s}$ 点的另一点 $\boldsymbol{r}^{**}$, 此时一定有 $u(\boldsymbol{r}^{**})=M$. 此时再重复上面的操作, 可以找到一个以 $\boldsymbol{r}^{**}$ 为球心的球域 K_2, 满足 $u|_{K_2}=M$. 再重复此操作, 可以找到一系列球域 K_i, $i=1,\cdots$, 满足 $u|_{K_i}=M$, 且球域逐渐靠近 $\boldsymbol{s}$ 点, 直到找到第 n 个球将 $\boldsymbol{s}$ 点包含其中.

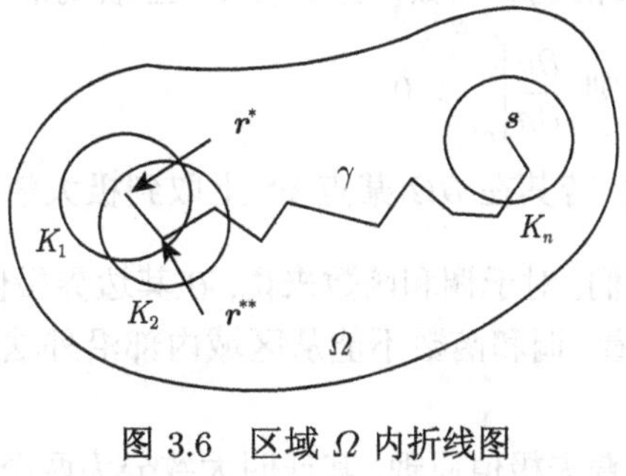

图 3.6 区域 Ω 内折线图

因此, 对于任意 $\boldsymbol{s}\in\Omega$, 调和函数 $u(\boldsymbol{s})\equiv M$. 这与调和函数在区域内不能为常数的前提矛盾. 因此, 调和函数在 Ω 内无法取到极值, 极值原理得证. □

通过极值原理, 我们可以进一步了解调和函数的形貌特征. 例如, 调和函数在区域内部也不存在局部极值点. 若存在, 则在该极值点的邻域内不满足极值原理. 由极值原理可以很容易的证明调和方程狄利克雷问题解的唯一性.

狄利克雷边值问题解的唯一性: 泊松方程狄利克雷边值问题解若存在必唯一, 或等价地, 若调和函数 u 在 Ω 的边界上恒等于零, 即 $u|_{\partial\Omega} = 0$, 则 u 在 Ω 内部也恒等于零.

根据极值原理, 若 u 在区域内不是常数, 则其最大最小值 (均为零) 都只能在边界取到. 由此, 我们证明, 泊松方程狄利克雷问题解若存在, 一定是唯一的. 实际上, 我们还可以利用极值原理讨论调和方程解的稳定性. 思路与 2.4 节中稳定性的讨论类似, 在此就不多做讨论了.

3.7.3　强极值原理与诺依曼型边值定解问题解的唯一性

接下来考虑泊松方程诺依曼型边界定解问题解的唯一性. 我们需要考虑如下问题:

$$\begin{cases} \Delta u = 0, & \boldsymbol{r} \in \Omega; \\ \left.\dfrac{\partial u}{\partial n}\right|_{\partial\Omega} = 0. \end{cases} \tag{3.80}$$

值得指出的是, 由于 u 等于任意常数均满足问题 (3.80), 因此其解并不唯一. 然而, 我们要证明问题 (3.80) 的解只能为常数. 也就是说, 泊松方程诺依曼问题在*差一个常数的前提下具有唯一性*(unique solution up to a constant). 此时, 由于并不知道 u 在边界处的值, 因此 3.7.2 小节讨论的极值原理此处并不适用. 我们需要首先引入*强极值原理*(strong maximum principle).

强极值原理: 设区域 Ω 边界具有足够的光滑性, 即对于 $\partial\Omega$ 上任意一点 $\boldsymbol{s}$, 都存在一个属于 Ω 及其边界的球, 使得该球与 $\partial\Omega$ 在 $\boldsymbol{s}$ 点处相切. 设 u 不恒为常数且在 Ω 及其边界上连续的调和函数. 若 u 在 $\boldsymbol{r}^*$ 上取到最小值, 则 $\left.\dfrac{\partial u}{\partial n}\right|_{\boldsymbol{r}^*} < 0$; 若 u 在 $\boldsymbol{r}^*$ 上取到最大值, 则 $\left.\dfrac{\partial u}{\partial n}\right|_{\boldsymbol{r}^*} > 0$.

对于一般连续函数, 若其在 $\partial\Omega$ 某点 $\boldsymbol{r}^*$ 上取到极大值, 则应成立 $\left.\dfrac{\partial u}{\partial n}\right|_{\boldsymbol{r}^*} \geqslant 0$. 而强极值原理则告诉我们, 对于调和函数来说, 在其边界极值点处外法向导数不可能为 0. 从函数图像上看, 调和函数不能从区域内部沿外法线方向 “水平地” 来到极大值点.

强极值原理又称霍普夫极值原理. 其证明大致分为两个步骤. 首先证明强极值原理在球域内成立, 再推广至具有上述光滑性的一般区域 Ω. 其证明我们在此处略去①. 利用强极值原理, 我们可以分析诺依曼边值问题解的唯一性.

诺依曼边值问题解的唯一性定理: 若区域 Ω 满足强极值原理所要求的光滑性, 则问题 (3.80) 在差一个常数的前提下只有唯一解, 或等价的, 问题 (3.80) 只有常

① 有兴趣的读者可以参考《数学物理方法》第三版, 谷超豪等, 高等教育出版社, 3.4 节

数解.

证 若 u 在区域 Ω 内不是常数, 则 u 在边界上极值点处的外法向导数不能等于零. 这与齐次诺依曼型边界条件相矛盾. 因此 u 在 Ω 内只能为常数. □

3.7.4 能量方法与泊松方程解的唯一性

最后, 讨论用能量的方法证明上述两类定解问题解的唯一性定理, 此处以二维问题为例. 同样地, 这里只需证明调和方程对应狄利克雷或诺依曼型边值问题只有零解或常数解. 我们依然以薄膜稳态作为物理背景分析二维调和方程 $u(x,y)$.

由 3.2 节的讨论可知, 薄膜系统的势能可等效表达为

$$\begin{aligned}\mathcal{E}&=\frac{1}{2}\iint_{\Omega}\left[\left(\frac{\partial u}{\partial x}\right)^2+\left(\frac{\partial u}{\partial y}\right)^2\right]\mathrm{d}x\mathrm{d}y\\&=\frac{1}{2}\iint_{\Omega}\left[\frac{\partial}{\partial x}\left(u\frac{\partial u}{\partial x}\right)+\frac{\partial}{\partial y}\left(u\frac{\partial u}{\partial y}\right)-u\Delta u\right]\mathrm{d}x\mathrm{d}y\\&=\frac{1}{2}\int_{\partial\Omega}u\frac{\partial u}{\partial n}\,\mathrm{d}s-\frac{1}{2}\iint_{\Omega}u\Delta u\,\mathrm{d}x\mathrm{d}y,\end{aligned}\tag{3.81}$$

其中, $\mathrm{d}s$ 为边界弧长微元. 这里再次用到格林公式. 由于 u 为调和函数, (3.81) 式右端二重积分取零值. 因此有

$$\mathcal{E}=\frac{1}{2}\int_{\partial\Omega}u\frac{\partial u}{\partial n}\,\mathrm{d}s.\tag{3.82}$$

无论齐次狄利克雷型边值条件($u|_{\partial\Omega}=0$), 还是齐次诺依曼边值条件$\left(\left.\frac{\partial u}{\partial n}\right|_{\partial\Omega}=0\right)$, 上式的右端项均为零. 因此 $\mathcal{E}=0$. 由此可知 $u_x=u_y\equiv 0$ 在 Ω 内任意一点均成立. 因此 u 在 Ω 内只能取常数. 这进而证明了诺依曼边值问题解的唯一性. 对于狄利克雷边值问题, 该常数可由边值条件确定, 即 $u\equiv 0$. 从而证明了狄利克雷边值问题解的唯一性.

我们已经知道, 泊松方程可用于刻画波动方程的平衡态, 以及热传导方程的稳态. 因此, 这两类方程分析唯一性的思想方法 (波动方程基于能量的思想, 热传导方程基于极值原理的思想) 都可以用来分析调和方程解的性质.

课 后 习 题

1. 给出满足调和方程的二元三次多项式解的通解形式.

2. 验证下列二元函数在 $\mathbb{R}^2$ 内为调和函数:

(a) $(x^2+y^2)^{\frac{n}{2}}\cos nx$.

(b) $(e^{bx}+e^{-bx})\sin by$, 其中 b 为常数.

3. 验证下列二元函数在 $\mathbb{R}^2\backslash\{(0,0)\}$ 内满足调和方程:

(a) $\log(x^2+y^2)$.

(b) $\arctan\dfrac{y}{x}$.

4. 使用分离变量法求解方形区域内调和方程第一类边值问题:

$$\begin{cases} u_{xx}+u_{yy}=0, \quad (x,y)\in[0,1]\times[0,1]; \\ u|_{x=0}=u|_{x=1}=0; \\ u|_{y=0}=\sin\pi x, \quad u|_{x=1}=0. \end{cases}$$

5. 考虑薄膜自由振动稳态定解问题:

$$\begin{cases} u_{xx}+u_{yy}=-f(x,y),\ (x,y)\in\Omega; \\ \left.\dfrac{\partial u}{\partial n}\right|_{\partial\Omega}=g(x,y), \end{cases}$$

其中, $\dfrac{\partial}{\partial n}$ 表示关于区域边界 $\partial\Omega$ 取外法向导数. 考虑其所对应的能量泛函:

$$\mathcal{J}[u]=\frac{1}{2}\iint_\Omega\left[\left(\frac{\partial u}{\partial x}\right)^2+\left(\frac{\partial u}{\partial y}\right)^2\right]\mathrm{d}x\mathrm{d}y-\iint_\Omega fu\,\mathrm{d}x\mathrm{d}y-\int_{\partial\Omega}gu\,\mathrm{d}s.$$

(a) 将定解问题的边界条件代入讨论上述能量泛函, 并在薄膜振动背景下讨论其物理意义.

(b) 证明: 若 u 是所有满足定解边界条件中使能量泛函取极小, 则 u 为上述定解问题的解, 即

$$\mathcal{J}[u]=\min_{v\in V_g}\mathcal{J}[v],$$

其中, $V_g=\left\{v|\ \left.\dfrac{\partial v}{\partial n}\right|_{\partial\Omega}=g\right\}$. (**提示:** 令 $v=u+\lambda w$, 其中 $\left.\dfrac{\partial w}{\partial n}\right|_{\partial\Omega}=0$).

6. 考虑调和方程之第三类边值问题:

$$\begin{cases} u_{xx}+u_{yy}+u_{zz}=0,\ (x,y,z)\in\Omega; \\ \left.\left(\dfrac{\partial u}{\partial n}+\sigma u\right)\right|_{\partial\Omega}=g(x,y,z). \end{cases}$$

(a) 在控制方程两边乘以 (任意测试函数 w) 并关于区域 Ω 积分, 使用分部积分公式导出该定解问题所对应的类似于 (3.24) 式的弱形式 (此时可能有边界积分).

(b) 试导出该定解问题所对应的能量泛函表达形式, 并给出去对应变分问题描述.

7. 证明: 在球坐标系 (r,θ,φ) 下 [参考 (3.29) 式], 拉普拉斯算子可写成 (3.30) 式的形式, 即

$$\Delta u=\frac{1}{r^2}\frac{\partial}{\partial r}\left(r^2\frac{\partial u}{\partial r}\right)+\frac{1}{r^2\sin\theta}\frac{\partial}{\partial\theta}\left(\sin\theta\frac{\partial u}{\partial\theta}\right)+\frac{1}{r^2\sin^2\theta}\frac{\partial^2 u}{\partial\varphi^2}.$$

8. 证明: 在柱坐标 (r,θ,z) 下, 拉普拉斯算子可以写成

$$\Delta u=\frac{1}{r}\frac{\partial}{\partial r}\left(r\frac{\partial u}{\partial r}\right)+\frac{1}{r^2}\frac{\partial^2 u}{\partial \theta^2}+\frac{\partial^2 u}{\partial z^2}.$$

9. 设 $u(x,y)$ 在二维区域 Ω 内为调和函数, 可令 $v=\log(x^2+y^2)$ 代入格林第二公式 (3.36).

(a) 参照 (3.41) 式将 u 在其内部任意一点 $\boldsymbol{r}^*=(x^*,y^*)^{\mathrm{T}}$ 的函数值表达为其边界积分的形式.

(b) 若 u 在区域边界满足第三类边值条件, 即

$$\left(\frac{\partial u}{\partial n}+\sigma u\right)\bigg|_{\partial\Omega}=g(x,y),$$

请给出该定解问题对应的格林函数表达式.

10. 对于三维区域 Ω 内的调和函数, 证明若 $\boldsymbol{r}^*\in\partial\Omega$, 则 (3.42) 式成立.

11. 利用静电源像法求解半平面内调和方程之诺依曼问题:

$$\begin{cases} u_{xx}+u_{yy}=0, \quad y>0;\\ \left.\dfrac{\partial u}{\partial n}\right|_{y=0}=\phi(x);\\ \displaystyle\lim_{x^2+y^2\to\infty} u(x,y)=0. \end{cases}$$

12. 基于静电源像法构造二维圆域内调和函数狄利克雷问题所对应的格林函数.

13. 考虑半径为 R 的半球区域 $\Omega=\{(x,y,z)|x^2+y^2+z^2<R,\ z>0\}$, 基于静电源像法构造 Ω 内调和函数狄利克雷问题所对应的格林函数.

14. 考虑一个二阶线性微分算子 $\mathcal{L}$. 设 V_0 是一个函数集合, 包含所有二阶可导且在给定区域 Ω 边界上取零值的函数, 即

$$V_0=\left\{v|v\in C^2,\ v|_{\partial\Omega}=0\right\}.$$

若存在一个微分算子 $\mathcal{L}^*$, 对于任意 u, $v\in V_0$ 成立

$$\int_\Omega v\mathcal{L}[u]\,\mathrm{d}\boldsymbol{r}=\int_\Omega u\mathcal{L}^*[v]\,\mathrm{d}\boldsymbol{r},$$

则称 $\mathcal{L}^*$ 是算子 $\mathcal{L}$ 的**伴随算子** (adjoint operator). 特别地, 若 $\mathcal{L}^*=\mathcal{L}$, 则称 $\mathcal{L}$ 为一个**自伴随算子** (self-adjoint operator).

(a) 若 $\mathcal{L}=\dfrac{\mathrm{d}^2}{\mathrm{d}x^2}+\dfrac{\mathrm{d}}{\mathrm{d}x}$, 其中 $x\in\Omega=(0,1)$, 求算子 $\mathcal{L}$ 的伴随算子.

(b) 证明施图姆–刘维尔型方程 (参考 2.3.2 小节) 对应的微分算子

$$\mathcal{L}=\frac{\mathrm{d}}{\mathrm{d}x}\left(k(x)\frac{\mathrm{d}}{\mathrm{d}x}\right)-q(x)+\lambda\rho(x),$$

其中, $x\in\Omega=(a,b)$ 是自伴随算子.

(c) 证明拉普拉斯算子 (对于任意有界区域) 是自伴随算子.

(d) 试证明, 定解问题

$$\begin{cases} \mathcal{L}[u] = f(\boldsymbol{r}),\ \boldsymbol{r} \in \Omega; \\ u|_{\partial\Omega} = 0 \end{cases}$$

的解可表达为

$$u(\boldsymbol{r}^*) = \int_{\Omega} G(\boldsymbol{r};\boldsymbol{r}^*) f(\boldsymbol{r})\,\mathrm{d}\boldsymbol{r},$$

其中, $G(\boldsymbol{r};\boldsymbol{r}^*)$ 是该定解问题对应的格林函数, 满足

$$\begin{cases} \mathcal{L}^*[G(\boldsymbol{r};\boldsymbol{r}^*)] = \delta(\boldsymbol{r}-\boldsymbol{r}^*),\ \boldsymbol{r} \in \Omega; \\ G|_{\boldsymbol{r}\in\partial\Omega} = 0. \end{cases}$$

15. 仿照调和方程三维平均值公式 (3.78),

(a) 推导二维调和函数所满足的平均值公式;

(b) 若 $u(x,y)$ 在单位圆上成立

$$u|_{x^2+y^2=1} = \frac{y^2}{x^2+y^2},$$

求 $u(0,0)$ 的值.

16. 若连续函数 u 在区域 Ω 内任意一点 $\boldsymbol{r}^*$ 均满足平均值公式, 即

$$u(\boldsymbol{r}^*) = \frac{1}{4\pi a^2}\iint_{\partial\mathcal{O}_a(\boldsymbol{r}^*)} u\mathrm{d}S$$

对于任意 $\mathcal{O}_a(\boldsymbol{r}^*) \subset \Omega$ 均成立, 则 u 一定是 Ω 内的调和函数.

第 4 章　二阶线性偏微分方程的分类

在前面三章中, 我们分别讨论了波动方程、热传导方程及泊松方程各自的物理背景、定解条件、求解方法, 以及解相关性质的分析. 上述方程是最为典型的**二阶线性偏微分方程**(second-order linear partial differential equation). 本章将讨论二阶线性偏微分方程的分类, 并进一步考察以上述三大方程为代表的三类二阶线性偏微分方程的共性与差异.

4.1　二阶线性偏微分方程的分类与比较

4.1.1　二阶偏微分方程的标准型

回顾在 1.1.3 小节关于偏微分方程分类的讨论, 前面我们接触到的波动方程、热传导方程及泊松方程均为二阶线性偏微分方程. 这里“二阶”指方程的最高阶偏导数为二阶,“线性”指对应的偏微分算子关于其输入函数为线性的. 以二维问题为例, 二阶线性偏微分方程具有如下的一般形式:

$$a_{11}u_{xx} + 2a_{12}u_{xy} + a_{22}u_{yy} + b_1u_x + b_2u_y + cu = f, \tag{4.1}$$

其中, a_{11}, a_{12}, a_{22}, b_1, b_2, c, f 均为自变量 x 和 y 的函数.

我们的目标是通过如下自变量坐标变换

$$\begin{cases}\xi = \xi(x,y)\\ \eta = \eta(x,y)\end{cases} \tag{4.2}$$

将方程 (4.1) 在 ξ-η 坐标系下表达为更简单的形式. 上述坐标变换有意义的前提是其**雅可比行列式**(Jacobian determinant) 非零:

$$\xi_x\eta_y - \xi_y\eta_x \neq 0. \tag{4.3}$$

例如, 若取 $\xi(x,y) = \sqrt{x^2+y^2}$, $\eta(x,y) = \arctan\dfrac{y}{x}$, 则经 (4.2) 式坐标转换后可将直角坐标系化为二维极坐标系.

根据链式法则, 可将未知函数 u 关于 x 和 y 的偏导数表达为其关于新自变量 ξ 与 η 的偏导数:

$$\begin{cases}u_x = u_\xi\xi_x + u_\eta\eta_x;\\ u_y = u_\xi\xi_y + u_\eta\eta_y,\end{cases} \tag{4.4}$$

进而有

$$\begin{cases} u_{xx} = u_{\xi\xi}\xi_x^2 + 2u_{\xi\eta}\xi_x\eta_x + u_{\eta\eta}\eta_x^2 + u_\xi\xi_{xx} + u_\eta\eta_{xx}; \\ u_{xy} = u_{\xi\xi}\xi_x\xi_y + u_{\xi\eta}(\xi_x\eta_y + \xi_y\eta_x) + u_{\eta\eta}\eta_x\eta_y + u_\xi\xi_{xy} + u_\eta\eta_{xy}; \\ u_{yy} = u_{\xi\xi}\xi_y^2 + 2u_{\xi\eta}\xi_y\eta_y + u_{\eta\eta}\eta_y^2 + u_\xi\xi_{yy} + u_\eta\eta_{yy}. \end{cases} \tag{4.5}$$

将 (4.4) 式和 (4.5) 式代入 (4.1) 式中, 可得

$$\tilde{a}_{11}u_{\xi\xi} + 2\tilde{a}_{12}u_{\xi\eta} + \tilde{a}_{22}u_{\eta\eta} + \tilde{b}_1u_\xi + \tilde{b}_2u_\eta + \tilde{c}u = \tilde{f}, \tag{4.6}$$

其中尤其关注 u 关于 ξ 或 η 二阶偏导数的系数:

$$\begin{cases} \tilde{a}_{11} = a_{11}\xi_x^2 + 2a_{12}\xi_x\xi_y + a_{22}\xi_y^2 \\ \tilde{a}_{12} = a_{11}\xi_x\eta_x + a_{12}\xi_x\eta_y + a_{12}\xi_y\eta_x + a_{22}\xi_y\eta_y \\ \tilde{a}_{22} = a_{11}\eta_x^2 + 2a_{12}\eta_x\eta_y + a_{22}\eta_y^2 \end{cases} \tag{4.7}$$

方程 (4.6) 是原一般形式 (4.1) 在 ξ-η 坐标系下的表达. 我们的目标是选取适当的坐标变换关系, 使得上述二阶偏导数的参数 $\tilde{a}_{11}$, $\tilde{a}_{12}$ 及 $\tilde{a}_{22}$ 中的某些量化为零.

我们注意到, $\tilde{a}_{11}, \tilde{a}_{22}$ 在形式上是完全一样的, 只是将 ξ 换作 η. 因此, 对 (4.6) 式一个自然的简化方式是令 $\tilde{a}_{11} = \tilde{a}_{22} = 0$. 换句话说, 我们可以求解关于二元函数 $\phi(x, y)$ 的一个偏微分方程:

$$a_{11}\phi_x^2 + 2a_{12}\phi_x\phi_y + a_{22}\phi_y^2 = 0. \tag{4.8}$$

若方程 (4.8) 存在两个相互无关的解 $\phi = \phi_1(x, y)$, $\phi = \phi_2(x, y)$, 则令

$$\begin{cases} \xi = \phi_1(x, y); \\ \eta = \phi_2(x, y). \end{cases} \tag{4.9}$$

此时 (4.6) 式可大为简化. 这里所说的 "相互无关" 是指 (4.9) 式对应的变换需满足 (4.3) 式的要求, 即

$$\phi_{1x}\phi_{2y} - \phi_{1y}\phi_{2x} \neq 0, \tag{4.10}$$

这里 ϕ_{1x} 表示 ϕ_1 关于自变量 x 的偏导数, 以此类推.

若对方程 (4.8) 式两边同时除以 ϕ_y^2, 便可以得到以 $\dfrac{\phi_x}{\phi_y}$ 为未知量的代数方程:

$$a_{11}\left(\frac{\phi_x}{\phi_y}\right)^2 + 2a_{12}\left(\frac{\phi_x}{\phi_y}\right) + a_{22} = 0. \tag{4.11}$$

不失一般性, 假设 $\phi_y \neq 0$. 因为若 $\phi_y = 0$, 则 $\phi_x \neq 0$, 否则 (4.10) 式不满足. 此时我

们可以在 (4.8) 式两边同除以 ϕ_x, 就可以得到一个关于 $\dfrac{\phi_y}{\phi_x}$ 的代数方程.

式 (4.11) 可以看作是以 $\dfrac{\phi_x}{\phi_y}$ 为未知变元的一元二次代数方程. 其根与系数关系可以分三种情况讨论.

情况 1 $\Delta = a_{12}^2 - a_{11}a_{22} > 0.$

此时, 该一元二次方程 (4.11) 有两个实根. 不妨令

$$\frac{\phi_{1x}}{\phi_{1y}} = \frac{-a_{12} + \sqrt{a_{12}^2 - a_{11}a_{22}}}{a_{11}}; \tag{4.12a}$$

$$\frac{\phi_{2x}}{\phi_{2y}} = \frac{-a_{12} - \sqrt{a_{12}^2 - a_{11}a_{22}}}{a_{11}}. \tag{4.12b}$$

上面两式可以分别看作是关于 ϕ_1 和 ϕ_2 的两个一阶偏微分方程. 这里我们以 (4.12a) 式 ϕ_1 所满足的偏微分方程为例, 略讨论下 ϕ_1 表达式的求解方法.

第一种方法是借助**全微分**(total differential) 的思想 (全微分的具体讨论课参考本节后的预备知识). 由 (4.12a) 式可知,

$$\phi_{1x} = \mu(x,y) \cdot \frac{-a_{12} + \sqrt{a_{12}^2 - a_{11}a_{22}}}{a_{11}}, \quad \phi_{1y} = \mu(x,y) \cdot \frac{-a_{12} + \sqrt{a_{12}^2 - a_{11}a_{22}}}{a_{11}}.$$

此时必须选取适当的 $\mu(x,y)$ 从而得到如下关于 ϕ_1 的全微分形式:

$$\mathrm{d}\phi_1 = \mu(x,y) \cdot \left(\frac{-a_{12} + \sqrt{a_{12}^2 - a_{11}a_{22}}}{a_{11}} \cdot \mathrm{d}x + \frac{-a_{12} + \sqrt{a_{12}^2 - a_{11}a_{22}}}{a_{11}} \cdot \mathrm{d}y \right),$$

其中 $\mu(x,y)$ 称为一个**积分因子**(integrating factor). 由此原问题可转化成求解 $\mu(x,y)$ 的另一个偏微分方程. 再基于全微分对应积分与路径无关的特点, 最终求得 $\phi_1(x,y)$ 的表达式.

第二种求解 (4.12a) 式的思路是借助**积分曲线**(integral curve) 的思想, 将 (4.12a) 式转化为一个以 x 为自变量、y 为因变量的常微分方程:

$$\frac{\mathrm{d}y}{\mathrm{d}x} = \frac{a_{12} - \sqrt{a_{12}^2 - a_{11}a_{22}}}{a_{11}}. \tag{4.13}$$

由此可以找到两簇参数曲线 $\phi_1(x,y) = C_1, \phi_2(x,y) = C_2$, 其中 C_1 和 C_2 为曲线的参数. 关于积分曲线更详细的讨论可参考本节后的预备知识.

假设我们可以借助上述方法求解 (4.12a) 式与 (4.12b) 式, 则通过 $\xi = \phi_1(x,y)$, $\eta = \phi_2(x,y)$ 建立 x-y 坐标系到 ξ-η 坐标系的转换.

值得注意的是, 我们还需要验证 ϕ_1 与 ϕ_2 满足条件 (4.10). 只需直接将 (4.12a) 式与 (4.12b) 式代入 (4.10) 式, 可得

$$\phi_{1x}\phi_{2y} - \phi_{1y}\phi_{2x} = \frac{\sqrt{a_{12}^2 - a_{11}a_{22}}}{a_{11}} \phi_{1y}\phi_{2y}.$$

由于在该情况下, 已经要求 $\phi_{1y}\phi_{2y} \neq 0$, $a_{11} \neq 0$, $a_{12}^2 - a_{11}a_{22} > 0$, 因此 (4.10) 式自动满足.

因此, 我们可以引入 ξ-η 坐标系: $\xi = \phi_1(x,y)$, $\eta = \phi_2(x,y)$, 使得 (4.6) 式中 $\tilde{a}_{11} = \tilde{a}_{22} = 0$. 再将 (4.12a) 式与 (4.12b) 式代入 (4.7) 式中, $\tilde{a}_{12}$ 的表达式有

$$\tilde{a}_{12} = \frac{2(a_{11}a_{22} - a_{12}^2)}{a_{11}} \cdot \phi_{1y}\phi_{2y}.$$

容易证明上式中的 $\tilde{a}_{12} \neq 0$, 因此可在 (4.6) 式两边除以 $\tilde{a}_{12}$, 并利用 $\tilde{a}_{11} = \tilde{a}_{22} = 0$, 得到在 ξ-η 坐标系下二阶偏微分方程的最终表达式:

$$u_{\xi\eta} = Au_\xi + Bu_\eta + Cu + D, \tag{4.14}$$

其中, A, B, C, D 均为 ξ 和 η 的函数.

若进一步引入

$$t = \xi + \eta, \quad s = \xi - \eta,$$

则在 s-t 坐标系下的二阶偏微分方程可表达为

$$u_{tt} - u_{ss} = A_1u_t + B_1u_s + C_1u + D_1, \tag{4.15}$$

其中, A_1, B_1, C_1 和 D_1 均为 t 和 s 的函数. 若将上式中的偏导数换成对应阶次自变量的幂函数, 如将 u_{tt} 换作 t^2, u_s 换作 s, u 换作零次项 1, 以此类推; 把 A_1 等系数看作常数并忽略非齐次项 D_1. 我们可以将 (4.15) 式对应于一个基于二次多项式的代数方程:

$$t^2 - s^2 = A_1t + B_1s + C_1.$$

上述方程在 s-t 坐标系下对应于一条**双曲线**(hyperbola). 类似地, 我们将可以通过坐标变换转化成具有 (4.14) 式或 (4.15) 式形式的二阶偏微分方程称为双曲型方程.

这里我们使用类比多项式定义的二次曲线的方法为以 (4.14) 式为标准型的偏微分方程命名. 实际上, 偏微分算子与多元多项式在运算操作方面有诸多可类比之处. 例如, 弦振动方程所对应的偏微分算子也有类似于平方差公式一样的"因式分解"形式:

$$\frac{\partial^2}{\partial t^2} - \frac{\partial^2}{\partial x^2} = \left(\frac{\partial}{\partial t} + \frac{\partial}{\partial x}\right)\left(\frac{\partial}{\partial t} - \frac{\partial}{\partial x}\right).$$

借用二者的相似性对求解分析偏微分方程是很有帮助的.

特别地, 若 (4.15) 式中 $A_1 = B_1 = C_1 = 0$, $s = x$, $D_1 = f$, (4.15) 式就化为弦振动方程. 实际上, 弦振动方程是二阶双曲型线性偏微分方程的一个典型代表.

情况 2　$\Delta = a_{12}^2 - a_{11}a_{22} = 0$.

注意到此时 a_{11} 与 a_{22} 不能异号. 为简单起见, 不妨设 a_{11}, a_{12}, a_{22} 均非负. 将 $a_{12}=\sqrt{a_{11}a_{22}}$ 代入 (4.8) 式有

$$(\sqrt{a_{11}}\phi_x+\sqrt{a_{22}}\phi_y)^2=0. \tag{4.16}$$

此时只能找到一簇积分曲线 $\phi=\phi_1(x,y)=c$ 满足方程 (4.16). 此时不妨令 $\xi=\phi_1(x,y)$, 则 (4.6) 式中 $\tilde{a}_{11}=0$. 同时任意选取与 $\phi_1(x,y)$ 无关的二元函数 $\phi_2(x,y)$, 使得 $\eta=\phi_2(x,y)$. 可以验证, 在 ξ-η 坐标系下, 由 (4.7) 式给出的 $\tilde{a}_{12}$ 满足

$$\tilde{a}_{12}=(\sqrt{a_{11}}\phi_{1x}+\sqrt{a_{22}}\phi_{1y})(\sqrt{a_{11}}\phi_{2x}+\sqrt{a_{22}}\phi_{2y})=0,$$

其中后一个等式是根据 (4.16) 式的结果.

因此, 在 ξ-η 坐标下, (4.6) 式可最终简化为

$$\tilde{a}_{22}u_{\eta\eta}=A_1u_\xi+B_1u_\eta+C_1u+D_1$$

的形式. 由于 $\tilde{a}_{22}\neq 0$, 可以在上式两端同除以 $\tilde{a}_{22}$ 得到

$$u_{\eta\eta}=Au_\xi+Bu_\eta+Cu+D \tag{4.17}$$

的形式. 利用情况 1 中偏微分算子与多项式的类比, 方程 (4.17) 对应于由

$$\eta^2=A\xi+B\eta+C$$

所定义的一条**抛物线** (parabola). 因此将通过坐标变换转化为 (4.17) 形式的二阶线性偏微分方程称为抛物型方程.

特别地, 当上式中 $A=1$, $B=C=0$, 并将 ξ 看作时间变量, η 看作空间变量, 我们就得到空间一维的热传导方程. 可见热传导方程是二阶抛物型方程的一个典型代表.

情况 3 $\Delta=a_{12}^2-a_{11}a_{22}<0$.

此时关于 $\dfrac{\phi_x}{\phi_y}$ 的代数方程不存在实根, 而有一对共轭的复根. 我们假设复函数

$$\phi(x,y)=\phi_1(x,y)+\mathrm{i}\phi_2(x,y) \tag{4.18}$$

满足 (4.8) 式, 其中 ϕ_1 与 ϕ_2 均为实函数. 将 (4.18) 式的形式代入 (4.8) 式, 并将实部与虚部分开可得

$$\begin{cases} a_{11}\phi_{1x}^2+2a_{12}\phi_{1x}\phi_{1y}+a_{22}\phi_{1y}^2=a_{11}\phi_{2x}^2+2a_{12}\phi_{2x}\phi_{2y}+a_{22}\phi_{2y}^2 \\ a_{11}\phi_{1x}\phi_{2x}+a_{12}(\phi_{1x}\phi_{2y}+\phi_{1y}\phi_{2x})+a_{22}\phi_{1y}\phi_{2y}=0. \end{cases} \tag{4.19}$$

上式是关于 $\phi_1(x,y)$ 和 $\phi_2(x,y)$ 的一个偏微分方程组. 假设其解存在, 则可以引入坐标变换 $\xi=\phi_1(x,y)$, $\eta=\phi_2(x,y)$.

这里需要验证上述坐标变换对应的雅可比行列式不为零. 由于 $\phi=\xi+\mathrm{i}\eta$ 满足方程 (4.8), 应该有

$$\frac{\phi_x}{\phi_y}=\frac{\xi_x+\mathrm{i}\eta_x}{\xi_y+\mathrm{i}\eta_y}=-\frac{a_{12}+\sqrt{a_{11}a_{22}-a_{12}^2}}{a_{11}}.$$

将上式实部与虚部分开即可将 ξ_x 与 η_x 用 ξ_y 和 η_y 的函数表达, 再代入 (4.3) 式得

$$\begin{vmatrix}\xi_x & \xi_y\\ \eta_x & \eta_y\end{vmatrix}=\frac{\sqrt{a_{11}a_{22}-a_{12}^2}}{a_{11}}\cdot(\xi_y^2+\eta_y^2).$$

由于 ξ 与 η 均是与 x 和 y 有关的函数, 上述行列式非零. 因此基于方程 (4.19) 选取的 ξ 与 η 是彼此无关的.

基于上述坐标变换, (4.19) 式可进一步表达为

$$a_{11}\xi_x^2+2a_{12}\xi_x\xi_y+a_{22}\xi_y^2=a_{11}\eta_x^2+2a_{12}\eta_x\eta_y+a_{22}\eta_y^2; \tag{4.20a}$$

$$a_{11}\xi_x\eta_x+a_{12}(\xi_x\eta_y+\xi_y\eta_x)+a_{22}\xi_y\eta_y=0. \tag{4.20b}$$

对比 (4.7) 式可以发现, (4.20a) 式等价于 $\tilde{a}_{11}=\tilde{a}_{22}$; (4.20b) 式等价于 $\tilde{a}_{12}=0$. 代入 (4.6) 式可得

$$u_{\xi\xi}+u_{\eta\eta}=Au_\xi+Bu_\eta+Cu+D. \tag{4.21}$$

同样地, 将上式可类比于一条由

$$\xi^2+\eta^2=A\xi+B\eta+C$$

定义的一条椭圆曲线 (elliptic curve). 因此我们将通过坐标变换转化为 (4.21) 形式的二阶线性偏微分方程, 称为二阶椭圆型方程.

特别地, 若 $A=B=C=0$, $D=f$, 就得到泊松方程. 因此, 泊松方程是二阶椭圆型方程的典型代表.

4.1.2　二阶线性偏微分方程的分类总结

因此, 对于任意给定含两个自变量的二阶线性偏微分方程:

$$a_{11}u_{xx}+2a_{12}u_{xy}+a_{22}u_{yy}+b_1u_x+b_2u_y+cu=f.$$

可以按以下方式进行分类:

• 若在某点 (x_0, y_0) 处的系数满足

$$a_{12}^2 - a_{11}a_{22} > 0,$$

则称方程在 (x_0, y_0) 处是**双曲型**(hyperbolic) 的. 通过坐标转换方程在该点处转化为 (4.14) 式形式的标准型.

• 若在某点 (x_0, y_0) 处的系数满足

$$a_{12}^2 - a_{11}a_{22} = 0,$$

则称方程在 (x_0, y_0) 处是**抛物型**(parabolic) 的. 通过坐标转换方程在该点处转化为 (4.17) 式形式的标准型.

• 若在某点 (x_0, y_0) 处的系数满足

$$a_{12}^2 - a_{11}a_{22} < 0,$$

则称方程在 (x_0, y_0) 处是**椭圆型**(elliptic) 的. 通过坐标转换方程在该点处转化为 (4.21) 式形式的标准型.

接下来考察几个二阶线性偏微分方程分类的例子.

例 4.1 欧拉–特里科米方程(Euler-Tricomi equation) 在近声速飞行器的研究中具有重要的应用价值, 其表达形式如下

$$u_{xx} + xu_{yy} = 0. \tag{4.22}$$

考虑该方程的分类.

对比 (4.1) 式的表达式有 $a_{11} = 1$, $a_{12} = 0$, $a_{22} = x$. 于是 $a_{12}^2 - a_{11}a_{22} = -x$. 因此欧拉–特里科米方程在 $x > 0$ 区域内为椭圆型的; 在 $x < 0$ 区域内为双曲型的. □

这个例子也告诉我们, 二阶线性偏微分方程的分类原则是逐点应用的. 因此一个方程可能在不同区域属于不同类型. 当一个方程在区域 Ω 内任意一点均为双曲型, 则称该方程在 Ω 内为双曲型. 类似地, 也可以定义区域 Ω 内抛物型或椭圆型方程.

例 4.2 将弦振动方程 $u_{tt} - a^2u_{xx} = 0$ 转化为标准形式.

若将 (4.1) 式中的自变量 y 用弦振动方程中的时间自变量 t 代替, 则 (4.1) 式发现 $a_{11} = -a^2$, $a_{12} = 0$, $a_{22} = 1$, 从而得到 $a_{12}^2 - a_{11}a_{22} = a^2 > 0$. 因此, 弦振动方程在其定义域内均为双曲型方程.

这里进一步考虑将弦振动方程, 化为如 (4.14) 式表达的双曲型方程标准形式. 代入 (4.12a) 式及 (4.12b) 式可以给出坐标变换函数 $\phi_{1,2}(x, y)$ 满足的方程

$$\frac{\phi_{1x}}{\phi_{1t}} = \frac{1}{a}, \qquad \frac{\phi_{2x}}{\phi_{2t}} = -\frac{1}{a}. \tag{4.23}$$

可以验证

$$\begin{cases}\xi=\phi_1(x,t)=x+at;\\ \eta=\phi_2(x,t)=x-at,\end{cases}\tag{4.24}$$

自动满足 (4.23) 式中关于 ϕ_1 和 ϕ_2 的方程. 代入 (4.7) 式有 $\tilde{a}_{11}=\tilde{a}_{22}=0$, $\tilde{a}_{12}=-2a^2$, 因此相关标准型可转化为 $u_{\xi\eta}=0$. 上述过程与 1.2 节推导出达朗贝尔公式的过程一致.

此外, (4.24) 式中的坐标变换也对应于 (x,y) 平面内的一簇参数曲线 $\phi_1(x,y)=x+at=C_1$, $\phi_2(x,y)=x-at=C_2$, 其中 C_1 与 C_2 为参数. 实际上, 该簇特征曲线就是 1.2 节所讨论的弦振动方程的特征线. □

这一算例告诉我们, 当二阶线性微分方程为双曲型时. 将其转化为标准型过程中需要求解方程 (4.12a) 和 (4.12b). 实际上, 它们各自对应了一簇参数曲线, 正是该双曲型方程的特征线簇. 我们知道, 特征线簇是分析波动方程信息有限速度传播过程的重要工具. 这一方法也可以推广至一般的双曲型方程.

4.1.3　多个自变量二阶线性偏微分方程的分类

对于 n-维情形, 二阶线性偏微分方程的可表达为

$$\sum_{i,j}^{n}a_{ij}\frac{\partial^2u}{\partial x_i\partial x_j}+\sum_{i}^{n}b_i\frac{\partial u}{\partial x_i}+cu=f,\tag{4.25}$$

其中, a_{ij}, b_i, c 及 f 均为 $\boldsymbol{r}=(x_1,x_2,\cdots,x_n)^{\mathrm{T}}$ 的函数. 根据 u 混合偏导数可交换求偏导顺序的特点, 不妨令 $a_{ij}=a_{ji}$. 实际上, 若 $a_{ij}\neq a_{ji}$, 可以令 $(a_{ij}+a_{ji})/2$ 作为新的 a_{ij} 即可.

如此, 我们可将系数 a_{ij} 用一个 $n\times n$ 的对称矩阵

$$\boldsymbol{A}(\boldsymbol{r})=\begin{pmatrix}a_{11}(\boldsymbol{r}) & a_{12}(\boldsymbol{r}) & \cdots & a_{1n}(\boldsymbol{r})\\ a_{21}(\boldsymbol{r}) & a_{22}(\boldsymbol{r}) & \cdots & a_{2n}(\boldsymbol{r})\\ \vdots & \vdots & & \vdots\\ a_{n1} & a_{n2} & \cdots & a_{nn}\end{pmatrix}\tag{4.26}$$

来表示.

对称矩阵 $\boldsymbol{A}$ 在 n-维空间任意一点 $\boldsymbol{r}$ 处均有 n 个实特征值, 记作 $\lambda_1(\boldsymbol{r}),\cdots,\lambda_n(\boldsymbol{r})$. 我们可以根据特征值的符号来划分多元二阶线性偏微分方程的类别. 具体如下:

- 若矩阵 $\boldsymbol{A}$ 在 $\boldsymbol{r}$ 点处的 n 个特征值均不为零, 且同为正或同为负, 则称方程 (4.25) 在 $\boldsymbol{r}$ 点处是**椭圆型**的.

• 若矩阵 $\boldsymbol{A}$ 在 $\boldsymbol{r}$ 点处有 $n-1$ 个特征值不为零, 且这 $n-1$ 个特征值符号相同, 则称方程 (4.25) 在 $\boldsymbol{r}$ 点处是**抛物型**的.

• 若矩阵 $\boldsymbol{A}$ 在 $\boldsymbol{r}$ 点处的 n 个特征值均不为零, 且其中 $n-1$ 个特征值彼此同号, 而与另一个特征值异号, 则称方程 (4.25) 在 $\boldsymbol{r}$ 点处是**双曲型**的.

上述的分类方法同样也适用于二维的情形.

考虑几个简单的例子. 三维泊松方程 $u_{xx}+u_{yy}+u_{zz}=f$ 所对应的矩阵 $\boldsymbol{A}$ 为 3×3 的单位阵. 由于特征值均为 1, 因此在定义域内均为椭圆型方程. 而三维热传导方程 $u_t-a^2(u_{xx}+u_{yy}+u_{zz})=f$ 所对应的矩阵 $\boldsymbol{A}$ 是一个 4×4 的对角阵, 因为三个特征值为 $-a^2$, 另一个为 0. 因此为抛物型方程.

例 4.3 考虑方程

$$u_{xx}+u_{yy}+u_{xz}+u_{zz}=0$$

的分类.

对比 (4.25) 式, 可知上述方程对应的矩阵 $\boldsymbol{A}$ 可表达为

$$\boldsymbol{A}=\begin{pmatrix}1 & 0 & 1/2\\ 0 & 1 & 0\\ 1/2 & 0 & 1\end{pmatrix}$$

不难计算其三个特征值为 $1/2, 1, 3/2$. 由于三个特征值同号, 可以判断该方程为椭圆型的. □

例 4.4 *麦克斯韦* (Maxwell) 方程组

$$\nabla\cdot\boldsymbol{E}=\frac{\rho}{\epsilon_0};\tag{4.27a}$$

$$\nabla\cdot\boldsymbol{B}=0;\tag{4.27b}$$

$$\nabla\times\boldsymbol{E}=-\frac{\partial\boldsymbol{B}}{\partial t};\tag{4.27c}$$

$$\nabla\times\boldsymbol{B}=\mu_0\left(\boldsymbol{J}+\epsilon_0\frac{\partial\boldsymbol{E}}{\partial t}\right)\tag{4.27d}$$

是电磁学的基本偏微分方程组, 其中的物理量的定义可参考表 4.1. 在上述表述中, “$\nabla\cdot$” 表示对向量场求散度; “$\nabla\times$” 表示对向量场求旋度. 具体表达式可参考本节后的预备知识部分的场变量基本运算.

麦克斯韦方程组是对经典电磁学实验观测的系统总结: (4.27a) 式来自*高斯定理* (Gauss's law); (4.27b) 式来自*磁场高斯定理* (Gauss's law for magnetism); (4.27c) 式来自*法拉第磁感应定律* (Faraday's law of induction); (4.27d) 式来自*安培环路定律* (Ampère's circuital law).

表 4.1　麦克斯韦方程组相关物理量

符号	变量特点	物理意义	量纲
$\boldsymbol{E}$	向量场	电场强度	牛/库
$\boldsymbol{B}$	向量场	磁场强度	特斯拉
$\boldsymbol{J}$	向量场	电流密度	安/米 ^{2}
ρ	标量分布	电荷密度	库/米 ^{3}
ϵ_0	材料常数	介电常数	库 ^{2} 米 ^{2}/牛
μ_0	材料常数	磁导率	牛/安 ^{2}

若空间介质均匀, 则麦克斯韦方程组的所有方程均为一阶常系数线性向量值偏微分方程. 由于 (4.27c) 式与 (4.27d) 式均含有电场强度 $\boldsymbol{E}$ 和磁场强度 $\boldsymbol{B}$, 可以通过代入消元法消去一个变量. 具体说来, 若对方程 (4.27c) 两边求旋度有

$$\nabla \times (\nabla \times \boldsymbol{E}) = \nabla(\nabla \cdot \boldsymbol{E}) - \Delta \boldsymbol{E} = -\frac{\partial}{\partial t}(\nabla \times \boldsymbol{B}), \tag{4.28}$$

这里 $\Delta \boldsymbol{E}$ 表示对 $\boldsymbol{E}$ 的每个分量作用拉普拉斯算子. 再将 (4.27a) 式和 (4.27d) 式代入 (4.28) 式中有

$$\mu_0 \epsilon_0 \frac{\partial^2 \boldsymbol{E}}{\partial t^2} - \Delta \boldsymbol{E} = -\mu_0 \frac{\partial \boldsymbol{J}}{\partial t} - \frac{1}{\epsilon_0} \nabla \rho.$$

同理我们可以给出磁场强度 $\boldsymbol{B}$ 满足的二阶偏微分方程:

$$\mu_0 \epsilon_0 \frac{\partial^2 \boldsymbol{B}}{\partial t^2} - \Delta \boldsymbol{B} = -\mu_0 \nabla \times \boldsymbol{J}.$$

若将电流密度 $\boldsymbol{J}$ 和电荷密度 ρ 作为已知量, 则电场与磁场强度的每个分量均可由一个二阶线性双曲型方程来刻画. 特别地, 考虑真空中无电流与电荷情形 ($\boldsymbol{J} = \boldsymbol{0}$, $\rho = 0$). 此时上两式可化为

$$\frac{\partial^2 \boldsymbol{E}}{\partial t^2} - \frac{1}{\mu_0 \epsilon_0} \Delta \boldsymbol{E} = \boldsymbol{0}; \tag{4.29}$$

$$\frac{\partial^2 \boldsymbol{B}}{\partial t^2} - \frac{1}{\mu_0 \epsilon_0} \Delta \boldsymbol{B} = \boldsymbol{0}. \tag{4.30}$$

也就是说磁场强度与电场强度的各个分量均满足波动方程, 即刻画真空中电磁波传播的偏微分方程组. 此外, 我们在 1.4.3 小节中了解到, 真空中电磁波的波速可以由 $1/\sqrt{\mu_0 \epsilon_0}$ 给出. 将相应的系数代入, 我们发现电磁波的传播速度恰好等于光速, 即电磁波在无电流与电荷干扰的情形下在真空中以光速传播. □

预备知识

1. 全微分

考虑二维空间一质点在外力 $\boldsymbol{f} = (f_1, f_2)^{\mathrm{T}}$ 作用下, 从 (x_0, y_0) 点移动到 (x_1, y_1),

则该外力做功为

$$\int_C f_1(x,y)\mathrm{d}x + f_2(x,y)\mathrm{d}y,$$

其中, C 表示连接 (x_0, y_0) 与 (x_1, y_1) 的一条曲线. 通常情况下, 该积分值与 C 路径的选取有关.

若存在一个二元可偏导函数 $\phi = \phi(x,y)$, 使得 $f_1 = \phi_x$, $f_2 = \phi_y$, 则上述积分与路径选取无关. 于是成立以下表达式

$$\mathrm{d}\phi = f_1\mathrm{d}x + f_2\mathrm{d}y = \boldsymbol{f}\cdot\mathrm{d}\boldsymbol{r}. \tag{4.31}$$

上式称为一个关于 ϕ 的一个全微分形式. 此时 ϕ 可以看作系统的一个势能函数, 而外力 $\boldsymbol{f}$ 被称为**保守力**(conservative force).

保证 (4.31) 式中全微分形式成立的一个条件是

$$\frac{\partial f_1}{\partial y} = \frac{\partial f_2}{\partial x}. \tag{4.32}$$

2. 参数曲线

考虑二元函数 $\phi(x,y)$. 对于任意常数 C, 我们可知 $\phi(x,y) = C$ 可看作 $\mathbb{R}^2$ 空间内的某曲线对应的**隐函数**(implicit function) 表达. 当参数 C 变化时, $\phi(x,y) = C$ 对应于空间中的一簇参数曲线. 图 4.1 分别给出了

$$\phi_1(x,y) = \sqrt{x^2+y^2} = C_1, \quad \phi_2(x,y) = \sqrt{x^2+y^2} = C_2$$

的两簇参数曲线. 这两组参数曲线实际上对应了二维直角坐标系与极坐标系之间的变换关系.

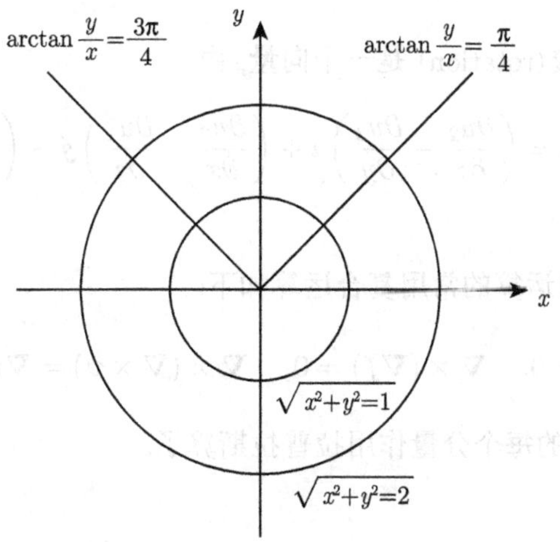

图 4.1　参数曲线示例

对于任意一条参数曲线 $\phi(x,y)=C$, 由隐函数求导法则可知

$$\frac{\mathrm{d}y}{\mathrm{d}x}=-\frac{\phi_x}{\phi_y}. \tag{4.33}$$

若知道 ϕ_x/ϕ_y 的表达式, 则可以得到一个以 x 为自变量、y 为因变量的一阶常微分方程. 这正是 (4.12a) 式所对应的情形.

特别地, 若 $y=f(x)$ 为上述常微分方程的一个解, 则 $y=f(x)+C$ 也是该常微分方程的解, 其中 C 为常数. 此时, 相应的参数曲线可表达为 $\phi=y-f(x)=C$, 而求解常微分方程时引入的常数 C 正是参数曲线的参数. 此时也称 $\phi(x,y)=C$ 为上述常微分方程的一簇*积分曲线*.

积分曲线也在物理学中有广泛应用. 例如, 在流体流动过程中, 其中各物质点在空间中的运动轨迹可组成一簇关于流体运动控制方程的积分曲线, 我们称为*流线* (streamline).

3. 向量场基本运算

对于空间的标量函数 $f(x,y,z)$, 其*梯度* (gradient) 是一个向量, 由

$$\mathbf{grad}f=\boldsymbol{\nabla}f=\frac{\partial f}{\partial x}\boldsymbol{i}+\frac{\partial f}{\partial y}\boldsymbol{j}+\frac{\partial f}{\partial z}\boldsymbol{k}$$

给出, 其中 $\boldsymbol{i},\boldsymbol{j},\boldsymbol{k}$ 为三维空间坐标系的单位主方向.

场变量 $\boldsymbol{u}(x,y,z)$ 的*散度*(divergence) 是一个标量, 由

$$\mathrm{div}\,\boldsymbol{u}=\boldsymbol{\nabla}\cdot\boldsymbol{u}=\frac{\partial u_1}{\partial x}+\frac{\partial u_2}{\partial y}+\frac{\partial u_3}{\partial z}$$

给出.

场变量 $\boldsymbol{u}$ 的*旋度*(rotation) 是一个向量, 由

$$\mathbf{rot}\,\boldsymbol{u}=\boldsymbol{\nabla}\times\boldsymbol{u}=\left(\frac{\partial u_2}{\partial z}-\frac{\partial u_3}{\partial y}\right)\boldsymbol{i}+\left(\frac{\partial u_3}{\partial x}-\frac{\partial u_1}{\partial z}\right)\boldsymbol{j}+\left(\frac{\partial u_1}{\partial y}-\frac{\partial u_2}{\partial x}\right)\boldsymbol{k}$$

给出.

此外上述场变量运算的常用复合运算如下:

$$\boldsymbol{\nabla}\cdot(\boldsymbol{\nabla}\times\boldsymbol{u})=0,\quad \boldsymbol{\nabla}\times(\boldsymbol{\nabla}f)=\mathbf{0},\quad \boldsymbol{\nabla}\times(\boldsymbol{\nabla}\times\boldsymbol{u})=\boldsymbol{\nabla}(\boldsymbol{\nabla}\cdot\boldsymbol{u})-\Delta\boldsymbol{u},$$

其中, $\Delta\boldsymbol{u}$ 表示对 $\boldsymbol{u}$ 的每个分量作用拉普拉斯算子.

4.2 二阶线性偏微分方程的相关讨论

在前面三章里, 我们分别讨论了波动方程、热传导方程及泊松方程的建模、求解及性质. 而通过 4.1 节的讨论, 我们知道它们分别是二阶双曲、抛物及椭圆型方程的典型代表. 这一节, 将总结对比这三类二阶线性微分方程的物理机制、求解方法, 以及相关性质. 本节的思路是, 我们将以专题的形式讨论上述波动、热传导, 以及泊松方程某方面的特点, 并尝试将针对它们部分特点的讨论推广至一般双曲、抛物及椭圆方程中. 目的是希望可以举一反三, 帮助读者在未来遇到需要求解线性偏微分方程时选择更适合的分析方法.

1. **物理现象**

波动方程主要用于刻画系统的振动过程, 其建模机理是动量守恒定律. 系统中任意一部分因偏离平衡位置所产生的系统内力与位移的空间偏导数成正比, 而局部的内力差正比于位移关于时间的二阶偏导数, 即加速度. 波动方程对应的物理现象具有物质信息**传递** (propagation) 的特点, 即时空中一点的信息以有限速度, 沿特定 (特征线) 方向传输. 由于一般二阶双曲型方程均可以通过坐标变换转化成具有波动方程形式的标准型, 一般二阶双曲型方程所对应的物理过程往往也具有物质输运的特点. 由 4.1 节的讨论可知, 双自变量二阶双曲型方程在通过坐标变换化归标准型的过程中, 会引入两簇积分曲线, 对应的正是二阶双曲型方程的特征线. 实际上, 一阶偏微分方程也可能是双曲型的, 其刻画的物理过程也具有物质输运的特点. 一阶双曲型方程在流体力学建模中有广泛的应用.

热传导方程主要用于刻画系统内温度的演化, 其建模机理是傅里叶热传导定律. 热量总是从高温区向低温区扩散, 且扩散速率与温度的负梯度成正比. 换句话说, 热传导方程所描述的物理现象, 其演化原因是物理量在空间中的非均匀分布. 类似的特点也可以推广到一般的抛物型方程, 其背后的核心机制是梯度引起的**扩散**(diffusion). 因此, 抛物型方程常用来描述化学物质弥散, 细胞内营养物质扩散等物理过程. 此外, 抛物型方程也在随机过程, 期权定价 (可参考 Black-Scholes 模型) 等问题中有广泛的应用.

泊松方程主要用于刻画静电/引力场的空间分布, 其建模机理源于本构关系与平衡关系的共同作用. 具体说来, 本构关系描述场变量 (如静电场、引力场) 是正比于相应势函数梯度的, 比例系数仅由材料本身性质决定; 平衡关系指该场变量在空间中满足通量平衡 (如电通量平衡、力学平衡). 由此我们也可以看出为什么波动与热传导过程的稳态均可以由泊松方程描述. 例如, 若本构关系来自傅里叶热传导定律, 即刻画热量流动的“场变量”与温度的空间负梯度成正比; 热平衡状态下, 任何封闭区域沿边界流出的热量应与内部的源或汇所产生的热量相等. 因此, 泊松方程对应物理过程的核心关键词是梯度诱导的**平衡**(equilibrium). 这一特点也可以推广至一般的二阶线性椭圆型方程. 例如, 线弹性力学的控制方程可以看作是关于位移向量的二阶线性椭圆型向量值方程. 其中的本构关系由虎克定律来描述, 即应力(场) 是位移空间偏导数的线性函数, 比例系数称为*弹性常数*(elasticity constants); 而弹性体局部的力场平衡刻画了系统的平衡关系.

2. 定解条件

总体而言, 目前我们接触到的定解条件可分为初始条件和边界条件两种类型. 由于波动方程与热传导方程描述的是随时间相关的演化过程, 因此需要提相应的初始条件, 而泊松方程描述的是与时间无关的稳态平衡过程, 因此无需提初始条件. 对于波动方程, 我们不仅需要知道系统初始时刻的位移状态, 还需要知道相应的初速度. 因此需要提两个初始条件. 而对于热传导方程, 只需要知道系统初始时刻的温度分布, 所以只需要一个初始条件.

而对于二阶偏微分方程, 一般有三种边界条件的提法: 第一类 (狄利克雷型) 边界条件 —— 边界上未知函数值已知; 第二类 (诺依曼型) 边界条件 —— 边界上未知函数的法向导数已知; 第三类 (罗宾型) 边界条件 —— 边界上未知函数值与法向导数的某线性组合值已知. 之前的分析告诉我们, 当所考虑区域有界时, 在区域边界任何一点上只需要提上述三类边界条件的一种即可确保相应问题具有唯一解. 特别地, 对于有界区域的泊松方程定解问题, 我们称为内问题.

当所考虑的为无界区域时, 相应的泊松方程定解问题称为外问题. 此时, 除了在区域的边界处提上述三类边界条件之一以外, 还需要给出未知函数在无穷远处解的极限状态. 而对于无界区域内的波动方程或热传导方程, 我们只讨论了区域为全空间或半空间的情形, 即柯西问题. 此时未知函数初始时刻在无穷远处的极限值自然蕴含在初始条件中, 且无需在任意时刻给出无穷远处的 “边界条件”.

最后, 我们给出如何针对二阶线性偏微分方程提定解条件的一些讨论. 在图 4.2 中, 对比地概括了三类典型的二元二阶线性偏微分方程在区域 $(x,y)\in[0,a]\times[0,b]$ 内定解条件. 在三种情况下, 自变量 $x\in[0,a]$ 均可看作空间自变量. 而对于弦振动方程和热传导方程, 自变量 y 对应的是时间自变量; 对于泊松方程, 自变量 y 依然对应的是空间自变量. 与我们前述讨论一致, 三类方程均需要在空间自变量的边界 ($x=0$ 和 $x=a$ 处) 提一个边界条件. 对于弦振动/热传导方程, 我们分别需要在 $y=0$ 处分别给出两个或一个初始条件, 在时间自变量的另一端 $y=b$ 处无需再提边界条件. 而对于泊松方程, 我们同时需要在空间变量 y 的两端 ($y=0$ 和 $y=b$ 处) 各提一个边界条件. 这在物理上是很好理解的. 对于随时间演化的过程, 我们需要知道系统的初始状态, 系统的最终状态 (对应于 $y=b$ 时) 是方程演化的自然结果.

而根据 4.1 节的讨论, 我们知道, 二元双曲型方程有两簇特征线, 系统的信息是沿着特征线以有限速度从 "上游" 传播到 "下游". 而对于二元抛物型方程, 我们可以看作有一条特征线, 因此依然有 "上下游" 的概念. 因此, 针对双曲或抛物型方程提定解条件的一个原则是在 "上游" 提足够的条件, 而无需在 "下游" 提定解条件. 二元椭圆型方程是不存在特征线的. 此时区域边界的信息通过平衡关系 "瞬时" 传播到内部. 因此, 针对椭圆型方程提定解条件的一个原则是要在边界的每一点都提供 (一条) 信息. 上述原则也可定性地推广到多未知量的二阶线性双曲、抛物和椭圆型方程的情形.

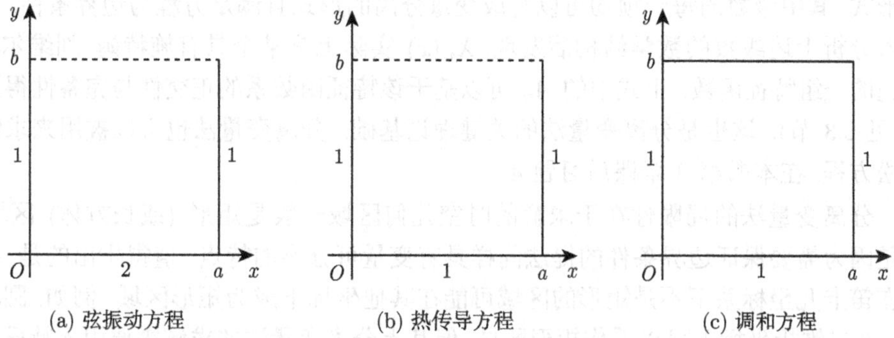

图 4.2 三类偏微分方程定解条件示例

3. 柯西问题的求解

在 1.2 节中, 我们讨论了如何利用坐标变换的方法求解弦振动方程柯西问题. 这一方法可以看作 4.1 节中求双曲型方程标准型 (4.14) 的推广. 同时我们也了解到, 上述坐标变换所对应两簇积分曲线刻画了二元双曲型方程的特征线. 因此, 当空间区域为整个欧氏空间 $\mathbb{R}^n$ 时, 特征线 (或其在高维情形下的推广) 方法是分析求解二阶双曲型方程的有效手段. 当空间区域不是整个欧氏空间时, 边界的影响, 包括波的反射与吸收等, 会限制特征线法的应用. 然而, 我们依然可以对一些特别的空间区域 (如半空间) 利用特征线法求解, 具体例子可参考 1.2 节的讨论.

在 2.2 节中, 我们讨论了如何利用傅里叶变换与卷积求解 (空间 1~3 维) 热传导方程柯西问题. 其核心思想是对偏微分方程关于空间变量做傅里叶变换, 从而将原偏微分方程转化为常微分方程. 这类求解方法也被称为积分变换法. 因为积分作用关于其被积函数是线性的, 积分变换法实际上适用于求解一般线性偏微分方程的柯西问题. 例如, 我们还可以利用积分变换法导出达朗贝尔公式 (1.26)①. 同样地, 使用傅里叶变换的前提是所对应的空间区域必须是整个欧氏空间. 当空间区域为半空间时, 我们需要另外引入**拉普拉斯变换**(Laplacian transform), 本书中不作详细

① 具体推导过程可参考《数学物理方程与特殊函数》第四版, 王元明编, 高等教育出版社, 3.4 节例 4

讨论.

4. 分离变量法

在 1.3 节和 2.3 节中, 分别讨论了弦振动方程与空间一维热传导方程不同边值类型问题的分离变量法求解. 分离变量法的核心思想是将问题的解表达为

$$u(x;t) \sim \sum_{n\in\mathbb{Z}^+} A_n X_n(x) T_n(t)$$

的形式, 其中级数的每一项均可以写成变量分离的形式且满足方程与边界条件. 在深入分析上述级数的数学结构后发现, $X_n(x)$ 实际上是某个具有施特姆–刘维尔型问题的一组特征函数. 上式中的 A_n 可以基于该特征函数系的正交性与完备性得到 (参见 2.3 节). 这也是分离变量法的关键理论基础. 分离变量法也可以被用来求解泊松方程, 在本书第 3 章课后习题 4.

分离变量法的局限性在于求解的时空几何区域一般是矩形 (或长方体) 区域, 这是因为需要保证边界条件的提法同样具有变量可分离的特点. 值得指出的是, 某些在笛卡儿坐标系下不是矩形的区域可能在其他坐标下成为矩形区域. 例如, 圆域在 r-θ 二维极坐标下可以看作矩形区域, 但其上分离变量法的求解需要引入特殊函数 (参考第 5 章的内容). 此外, 用分离变量法处理高维问题时其计算相对较复杂. 尽管如此, 分离变量法仍是分析物理模型的重要工具.

5. 变分法

在 3.2 节中, 我们介绍了变分方法. 针对稳态问题, 变分原理的物理意义比较直观, 即系统的稳态一定使系统 (在满足边界条件的前提下) 某种能量取极小. 变分法的一大特点是寻找偏微分方程的 "弱解". 具体做法是将原方程乘以一个测试函数后两边积分. 一般情况下, 我们会通过格林公式导出该偏微分方程的 "弱形式". 此时若能找到某函数针对任一测试函数均满足该弱形式的积分, 则该函数就是原问题的 "弱" 解. 我们称之为弱解的原因是其在光滑性的要求上要弱一些. 例如, 泊松方程的经典解需要各点均二阶可偏导, 而满足其弱形式 (3.24) 的解只要求一阶偏导数可积.

尽管变分法并不能帮助我们给出泊松方程解的解析表达式, 但其为数值求解偏微分方程开辟了全新的思路. 变分法是有限元方法的理论基础, 其优势在于对应的数值格式在处理复杂几何区域上的偏微分方程也十分有效. 实际上, 变分的思路不仅适用于求解椭圆型方程, 也可以推广到求解线性双曲和抛物型方程, 甚至可以用来分析一些非线性问题. 变分法的更严格的数学理论基础可以在泛函分析中了解与学习.

6. 格林函数法

在 3.4 节~3.6 节中, 针对三维泊松方程的狄利克雷问题讨论了格林函数法. 该方法的基本思想是引入狄拉克 δ-函数作为泊松方程的右端项, 求解对应的齐次狄利克雷边值问题得到相应的格林函数. 而一般泊松方程之问题的解可通过格林函数与原方程右端项 f 做卷积及边界积分得到. 然而求解格林函数本身许多时候与求解原问题有相同的难度. 但是对于特定区域, 如半空间、球域, 我们可以利用静电源像法给出格林函数的表达式. 此外, 格林函数法也是边界元方法的理论基础.

实际上, 格林函数法不仅可以用在泊松方程等二阶线性椭圆问题当中, 也可以用于求解其他类型的二阶偏微分方程, 在本书暂不讨论①.

7. 极值原理

在 2.4 节中, 首先讨论了热传导方程的极值原理. 它告诉我们, 在内部无热源的情形下, 热传导过程的温度极值一定等于初始时刻或边界处的极值. 我们不难从物理的视角理解极值原理. 根据傅里叶热传导定律, 热量是沿着温度的负梯度方向传输的. 在无热源的情形下, 系统最高温度点不会有净热量流入, 因此温度只能下降或保持不变. 这一特征也被热传导过程的稳态描述, 也就是调和方程所继承 (参考 3.7 节). 从某种意义上讲, 调和函数极值原理的结论更强. 根据 3.7 节的强极值原理, 调和函数在边界处取到极值的同时, 其外法向导数不能为零. 极值原理主要用于判断热传导方程/泊松方程解的唯一性与稳定性.

值得指出的是, 双曲型方程一般没有极值原理的提法. 例如, 波动方程描述的是波沿特征线 (无损耗) 的传播过程. 根据波的叠加原理, 两个高振幅的波很可能在内部叠加形成一个更高的波峰. 一般地讲, 具有极值原理特点的物理过程其演化速度是正比于未知物理量梯度的.

8. 能量估计

波动方程的唯一性证明是借助其能量表达式 (1.98). 实际上, 能量方法是分析双曲型方程解性质的一个极为重要的方法. 而波动过程稳态情形可由调和方程描述, 因此也可以利用能量估计的方法证明调和方程解的唯一性 (详见 3.7 节的讨论).

9. 总结

在 4.2 节中对三大类线性偏微分方程的物理背景、求解方法及性质分析工具进行总结. 这里我们在相应的概念后标明其对应本书出处的章节 (表 4.2).

① 针对波动与热传导方程柯西问题的格林函数可以参考《数学物理方程》第三版, 谷超豪等, 高等教育出版社, 6.5 节

表 4.2　二阶双曲、抛物与椭圆型偏微分方程的物理背景、求解方法与性质分析工具总结

类型	双曲 (4.1 节)	抛物 (4.1 节)	椭圆 (4.1 节)
物理特征	物质输运	梯度扩散传热	稳态、平衡
代表方程	$u_{tt}-a^2\Delta u=f$ 波动 (1.1 节, 1.4 节)	$u_t-a^2\Delta u=f$ 热传导 (2.1 节)	$-\Delta u=f$ 静电场 (3.1 节)
定解条件	2 初值,2 边值 (1.1 节)	1 初值,2 边值 (2.1 节)	内外问题 (3.1 节)
柯西问题	特征线法 (1.2 节) 积分变换法适用	积分变换法 (2.2 节)	
分离变量法	施特姆–刘维尔型方程 (1.3 节, 2.3 节)		适用
变分法	适用	适用	能量极小 (3.2 节)
Green 函数法	适用	适用	静电源像法 (3.5 节)
唯一性证明	能量不等式 (1.5 节)	极值原理 (2.4 节)	能量和强极值原理 (3.7 节)
重要工具	微元法 (1.1 节) 齐次化原理 (1.2 节)	傅里叶变换 卷积 (2.2 节)	径向解 (3.3 节) δ-函数 (3.6 节)

课后习题

1. 判别下列偏微分方程的类型:

(a) $y^2u_{xx}-x^2u_{yy}=0$;

(b) $\sin^2 xu_{xx}+u_{yy}=0$;

(c) $xyu_{xx}+u_{yy}=0$;

(d) $u_{xx}+u_{yy}+4u_{zz}+2u_{xy}-4u_{xz}=0$.

2. 将下列方程化为标准形式 [(4.14) 式, (4.17) 式或 (4.21) 式]

(a) $5u_{xx}+4u_{xy}+u_{yy}+2u_x+3u_y=0$;

(b) $y^2u_{xx}+2xyu_{xy}+x^2u_{yy}=0$;

(c) $xu_{xx}+u_{yy}=0$;

(d) $(3+\sin^2 y)u_{xx}+2\cos yu_{xy}-u_{yy}=0$.

第二部分

进阶分析工具之
特殊函数

第 5 章　贝塞尔函数

从本章起, 我们将介绍求解线性偏微分方程的一些常用进阶数学工具. 首先讨论**特殊函数**(special function) 的性质与应用. 特殊函数包括许多特定函数类别, 如我们在微积分课程中曾经接触过的**伽马函数**(Gamma function). 本章将围绕一类特殊函数 —— **贝塞尔函数**(Bessel function) 展开讨论.

5.1　贝塞尔方程的导出与贝塞尔函数

本节我们首先考虑刻画圆域内热传导过程的定解问题, 进而引出求解对应空间方程的一个关键线性常微分方程 —— 贝塞尔方程. 随后我们寻找其通解的级数表达形式, 并最终给出两类贝塞尔函数的定义.

5.1.1　贝塞尔方程的导出

给定半径为 R 的圆域 $\mathcal{O}_R = \{(x,y)|x^2+y^2 \leqslant R^2\}$, 考虑其内部满足齐次边界条件的齐次热传导方程

$$\begin{cases} u_t - a^2(u_{xx}+u_{yy}) = 0, \quad (x,y)\in\mathcal{O}_R, \quad t>0; \\ u|_{t=0} = \phi(x,y); \\ u|_{\partial\mathcal{O}_R} = 0. \end{cases} \tag{5.1}$$

由于此时考虑的是圆域, 自然地我们考虑引入极坐标变换

$$\begin{cases} r = \sqrt{x^2+y^2}; \\ \theta = \arctan\left(\dfrac{y}{x}\right), \end{cases}$$

从而将问题 (5.1) 表达为空间极坐标下的热传导方程定解问题:

$$\begin{cases} u_t - a^2\left(u_{rr}+\dfrac{1}{r}u_r+\dfrac{1}{r^2}u_{\theta\theta}\right) = 0, \quad r\in[0,1), \quad \theta\in[0,2\pi], \quad t>0; \\ u|_{t=0} = \phi(r); \\ u|_{r=R} = 0. \end{cases} \tag{5.2}$$

考虑使用分离变量法进行求解. 首先假设未知函数 u 具有时空变量分离的形式:

$$u(r,\theta;t) = T(t)V(r,\theta).$$

代入问题 (5.1) 中的控制方程得到

$$\frac{T'}{a^2T}=\frac{1}{V}\cdot\left(V_{rr}+\frac{1}{r}V_r+\frac{1}{r^2}V_{\theta\theta}\right)=-\lambda,$$

其中, λ 是在时空变量分离过程中引入的常数 (其详细推导可参考 1.3 节). 这样我们可以将原问题解耦为一个时间变量所满足的常微分方程

$$T'+a^2\lambda T=0$$

和一个空间变量所满足的 (椭圆型) 偏微分方程

$$\begin{cases}V_{rr}+\dfrac{1}{r}V_r+\dfrac{1}{r^2}V_{\theta\theta}+\lambda V=0;\\ V|_{r=R}=0.\end{cases}\tag{5.3}$$

式中 $V(r,\theta)$ 所满足的偏微分方程是**亥姆霍兹方程**(Helmholtz equation) 在二维极坐标下的表达形式. 亥姆霍兹方程在笛卡儿坐标系下可表达为 $\Delta V+\lambda V=0$.

考虑继续利用分离变量法解, 假设 V 具有如下变量分离的形式:

$$V(r,\theta)=\mathcal{P}(r)\Theta(\theta).$$

于是 (5.3) 式中的亥姆霍兹方程可改写为

$$\Theta\left(\mathcal{P}''+\frac{1}{r}\mathcal{P}'\right)+\frac{1}{r^2}\mathcal{P}\Theta''+\lambda\mathcal{P}\Theta=0.$$

类似之前分离变量的操作, 将上式两端同除以 $\mathcal{P}\Theta$ 并将关于 r 和 θ 的函数分列在等式两边, 得到

$$-\frac{r^2\mathcal{P}''+rP'}{\mathcal{P}}-\lambda r^2=\frac{\Theta''}{\Theta}=-\nu,$$

其中, ν 是在变量分离过程中引入的另一个常数. 值得指出的是, 因为我们使用了两次分离变量, 因此方程中会引入两个常数 λ 和 ν, 在后续计算中要注意区分.

由此可以得到一个关于 $\Theta(\theta)$ 的常微分方程定解问题

$$\begin{cases}\Theta''+\nu\Theta=0,\quad \theta\in[0,2\pi];\\ \Theta(0)=\Theta(2\pi),\quad \Theta'(0)=\Theta'(2\pi),\end{cases}\tag{5.4}$$

和一个关于 $\mathcal{P}(r)$ 的常微分方程定解问题

$$\begin{cases}r^2\mathcal{P}''+r\mathcal{P}'+(\lambda r^2-\nu)\mathcal{P}=0,\quad r\in(0,R);\\ \mathcal{P}|_{r=R}=0.\end{cases}\tag{5.5}$$

注意到问题 (5.4) 中的边界条件是因为 $\Theta(\theta)$ 是以 2π 为周期的函数, 因此不难求得只有在 $\nu = \nu_n = n^2, n \in \mathbb{Z}$ 的时候, 问题 (5.4) 的非平凡解存在, 即

$$\Theta_n(\theta) = A_n \cos n\theta + B_n \sin n\theta.$$

将 $\nu = \nu_n = n^2$ 代入问题 (5.5) 中, 得

$$\begin{cases} r^2\mathcal{P}'' + r\mathcal{P}' + (\lambda r^2 - n^2)\mathcal{P} = 0, \quad r \in (0, R); \\ \mathcal{P}|_{r=R} = 0. \end{cases} \tag{5.6}$$

上式给出了一个关于 $\mathcal{P}(r)$ 的二阶线性常微分方程, 若能够找到关于该方程的两个相互独立的通解, 我们就可以进一步代入边界条件求出问题 (5.6) 解的表达式.

为此, 我们可考虑如下以 x 为自变量、以 y 为因变量的线性常微分方程

$$x^2\frac{\mathrm{d}^2y}{\mathrm{d}x^2} + x\frac{\mathrm{d}y}{\mathrm{d}x} + (x^2 - n^2)y = 0. \tag{5.7}$$

可以验证, 若 $y = F(x)$ 为方程 (5.7) 的一个解, 则 $\mathcal{P}(r) = F(\sqrt{\lambda}r)$ 就满足问题 (5.6) 中的控制方程. 相比于 (5.6) 式, (5.7) 式中只含有一个参数 n, 更加便于分析. 我们将具有 (5.7) 式形式的二阶线性常微分方程称为 n 阶**贝塞尔方程**(Bessel equation).

5.1.2 第一类贝塞尔函数

考虑更一般化贝塞尔方程的情形, 将 (5.7) 式中的 n 换作 α, 即贝塞尔函数的阶数 α 可以为非整数:

$$x^2\frac{\mathrm{d}^2y}{\mathrm{d}x^2} + x\frac{\mathrm{d}y}{\mathrm{d}x} + (x^2 - \alpha^2)y = 0. \tag{5.8}$$

我们的目标是找到满足贝塞尔方程 (5.8) 两个线性无关的解.

这里将寻找满足贝塞尔方程的级数解. 实际上, 对于一个不可解析求解的线性常微分方程, 寻找其通解的级数表达式是一种重要的求解手段.

假设贝塞尔方程解在 $x = 0$ 附近可以有如下类似幂级数展开的形式:

$$y = \left(a_0 + a_1x + a_2x^2 + \cdots\right)x^c = \left(\sum_{m=0}^{\infty} a_m x^m\right)x^c, \tag{5.9}$$

这里要求 $a_0 \neq 0$. 上式的级数展开式中引入了因子 x^c. 这是因为当 $x = 0$ 时, (5.8) 式中的导数项系数均为零导致贝塞尔方程 (5.8) 出现退化的情况. 此外, (5.9) 式使用了 “=” 而非 “∼” 是因为我们只考虑使级数收敛的 x 值. 由于 (5.9) 式中级数与幂级数只差一个因子 x^c, 可以使用幂级数收敛的判别定理, 即存在一个收敛半径 R, 当 $|x| < R$ 时, 上述级数一致收敛.

此时, 我们需要利用贝塞尔方程确定 (5.9) 式的系数 a_m 与指数 c 的值. 对 (5.9) 式两边关于 x 求导并利用一致收敛级数求和与求导可交换的性质有

$$\frac{\mathrm{d}y}{\mathrm{d}x}=\frac{\mathrm{d}}{\mathrm{d}x}\left(a_m\sum_{m=0}^{\infty}x^{m+c}\right)=\sum_{m=0}^{\infty}a_m(m+c)x^{m+c-1}.$$

再关于 x 求导有

$$\frac{\mathrm{d}^2y}{\mathrm{d}x^2}=\sum_{m=0}^{\infty}a_m(m+c)(m+c-1)x^{m+c-2}.$$

由此可以验证

$$\begin{aligned}&x^2\frac{\mathrm{d}^2y}{\mathrm{d}x^2}+x\frac{\mathrm{d}y}{\mathrm{d}x}-\alpha^2y\\=&\sum_{m=0}^{\infty}\left(a_m(m+c)(m+c-1)+a_m(m+c)-a_m\alpha^2\right)x^{m+c}\\=&\sum_{m=0}^{\infty}a_m\left[(m+c)^2-\alpha^2\right]x^{m+c}.\end{aligned}\tag{5.10}$$

此外,

$$x^2y=\sum_{m=0}^{\infty}a_mx^{m+c+2}=\sum_{m=2}^{\infty}a_{m-2}x^{m+c},\tag{5.11}$$

这里为保证上式与 (5.10) 式中的级数的幂次对应, 我们使用了级数下标变换技术, 即先将上式中间级数的下标 m 由 $k=m+2$ 代替, 由于级数下标字母选取的任意性, 用 m 将下标 k 换回就得到了上式右端项.

注意到 (5.10) 式与 (5.11) 式左端项求和恰好对应于贝塞尔方程 (5.8) 的左端项. 将这两式相加便得到贝塞尔方程 (5.8) 的级数表达形式:

$$a_0(c^2-\alpha^2)x^c+a_1\left[(c+1)^2-\alpha^2\right]x^{c+1}+\sum_{m=2}^{\infty}\left\{a_m\left[(m+c)^2-\alpha^2\right]+a_{m-2}\right\}x^{m+c}=0.\tag{5.12}$$

注意到上式的求和是从 $m=2$ 开始的. 这是因为 (5.11) 式的求和是从 $m=2$ 起始的, 因此 (5.10) 式中的零阶项与一阶项需要单独列出.

若要保证由级数所定义的方程 (5.12) 成立, 则对于任意 m, x^{m+c} 的系数均应为 0. 于是对应于最低阶项 x^c 的系数成立

$$a_0(c^2-\alpha^2)=0.\tag{5.13}$$

由于 $a_0\neq 0$, 因此 $c=\pm\alpha$.

首先考虑 $c=\alpha$ 的情形, 代入 (5.12) 式有

$$a_1\left[(\alpha+1)^2-\alpha^2\right]x^{\alpha+1}+\sum_{m=2}^{\infty}\left\{a_m\left[(m+\alpha)^2-\alpha^2\right]+a_{m-2}\right\}x^{\alpha+m}=0. \tag{5.14}$$

令 $x^{\alpha+1}$ 的系数为 0, 于是有 $a_1(2\alpha+1)=0$. 从而得到

$$a_1=0.$$

再令 (5.14) 式中 $x^{\alpha+m}$ 的系数为零得到

$$a_m\left[(m+\alpha)^2-\alpha^2\right]+a_{m-2}=0$$

对于任意 $m\geqslant 2$ 的整数均成立. 由此可得到递推公式:

$$a_m=-\frac{a_{m-2}}{m(2\alpha+m)}. \tag{5.15}$$

因为 $a_1=0$, 由该递推公式可得 $a_3=a_5=\cdots=0$, 即当 m 为正奇数时, $a_m=0$.

当 m 为偶数的情形时, 不妨令 $m=2k$, $k=0,1,\cdots$. 递推公式 (5.15) 可改写为

$$a_{2k}=-\frac{a_{2k-2}}{2^2(\alpha+k)k}. \tag{5.16}$$

递推求解得

$$a_2=-\frac{a_0}{2^2(\alpha+1)1},\quad a_4=\frac{a_0}{2^{2\cdot 2}(\alpha+1)(\alpha+2)1\cdot 2},\quad \cdots.$$

进一步给出 a_{2k} 的通项公式:

$$a_{2k}=\frac{(-1)^k a_0}{2^{2k}(\alpha+1)(\alpha+2)\cdots(\alpha+k)k!}. \tag{5.17}$$

由于 a_0 是非零的任意常数, 可以选取适当 a_0 的值以简化 (5.17) 式. 这里取

$$a_0=\frac{1}{2^\alpha\Gamma(\alpha+1)},$$

其中, $\Gamma(\cdot)$ 为伽玛函数, 其相关性质可参考本节后的预备知识部分. 利用伽玛函数的递推关系 $z\Gamma(z)=\Gamma(z+1)$[可参考 (5.25) 式]. 我们发现, 若将上式中的 a_0 代入 (5.17) 式, $\Gamma(\alpha+1)$ 与分母中的 $(\alpha+1)$ 因子相乘变成 $\Gamma(\alpha+2)$. 再与分母中的 $(\alpha+2)$ 因子相乘, 变成 $\Gamma(\alpha+3)$. 重复此过程, 有

$$\Gamma(\alpha+1)\cdot[(\alpha+1)(\alpha+2)\cdots(\alpha+k)]=\Gamma(\alpha+k+1).$$

因此系数 a_{2k} 可以表达为

$$a_{2k}=-\frac{1}{2^{\alpha+2k}\Gamma(\alpha+k+1)k!}. \tag{5.18}$$

将 $c=\alpha$, $a_{2k+1}=0$ 及 (5.18) 式代入 (5.9) 式可以得到满足贝塞尔方程 (5.8) 的一个级数解:

$$y=\sum_{k=0}^{\infty}\frac{(-1)^k x^{\alpha+2k}}{2^{\alpha+2k}k!\Gamma(\alpha+k+1)}=\sum_{k=0}^{\infty}\frac{(-1)^k}{k!\Gamma(\alpha+k+1)}\cdot\left(\frac{x}{2}\right)^{\alpha+2k}.$$

不难验证上述级数在 $x\in\mathbb{R}$ 内一致收敛. 实际上, 上式中的级数定义了一组以 α 为参数、定义域为整个实数域上的函数. 用符号 $\mathrm{J}_\alpha(x)$ 来表达这个由级数定义的函数

$$\mathrm{J}_\alpha(x)=\sum_{k=0}^{\infty}\frac{(-1)^k}{k!\Gamma(\alpha+k+1)}\cdot\left(\frac{x}{2}\right)^{\alpha+2k}. \tag{5.19}$$

$\mathrm{J}_\alpha(x)$ 称为 **α-阶第一类贝塞尔函数**(Bessel function of the first kind). 而第一类贝塞尔函数是贝塞尔方程 (5.19) 的一个解.

特别地, 当 α 取整数 n 时, 对应的 $\mathrm{J}_n(x)$ 称为**整数阶贝塞尔函数**(Bessel function of integer order); 当 α 为半整数 $n+\dfrac{1}{2}$, 对应的 $\mathrm{J}_{n+\frac{1}{2}}(x)$ 称为**半整数阶贝塞尔函数**(Bessel function of half-integer order).

5.1.3　第二类贝塞尔函数

我们已经找到贝塞尔方程 (5.8) 的一组通解 $\mathrm{J}_\alpha(x)$. 接下来寻找贝塞尔方程另一组与 $\mathrm{J}_\alpha(x)$ 线性无关的通解. 很自然地想到在求解 (5.14) 时, 我们还可以选择令 $c=-\alpha$. 重复上述过程, 可得参数为负数的第一类贝塞尔函数的级数表达式:

$$\mathrm{J}_{-\alpha}(x)=\sum_{k=0}^{\infty}\frac{(-1)^k}{k!\Gamma(-\alpha+k+1)}\cdot\left(\frac{x}{2}\right)^{-\alpha+2k}. \tag{5.20}$$

若 $\mathrm{J}_{-\alpha}(x)$ 与 $\mathrm{J}_\alpha(x)$ 线性无关, 则选用 $\mathrm{J}_{-\alpha}(x)$ 做方程 (5.8) 另一组通解. 然而, 这并不完全成立. 例如, 当 $\alpha=0$ 时, $\mathrm{J}_{-\alpha}(x)=\mathrm{J}_\alpha(x)=\mathrm{J}_0(x)$. 实际上我们有如下引理.

引理　整数阶第一类贝塞尔函数 $\mathrm{J}_n(x)$ 与 $\mathrm{J}_{-n}(x)$ 是线性相关的, 满足

$$\mathrm{J}_{-n}(x)=(-1)^n\mathrm{J}_n(x). \tag{5.21}$$

证　将 (5.20) 式中的 $-\alpha$ 换作负整数 $-n$ 可得

$$\mathrm{J}_{-n}(x)=\sum_{k=0}^{\infty}\frac{(-1)^k}{k!\Gamma(-n+k+1)}\cdot\left(\frac{x}{2}\right)^{-n+2k}.$$

根据本节后对伽玛函数的讨论可知, 对于任意非正整数 m, $1/\Gamma(m)=0$. 因此上述级数前 n 项 (从 $k=0$ 到 $k=n-1$) 的系数为零. 因此上述级数可以等价地写成

$$\mathrm{J}_{-n}(x)=\sum_{k=n}^{\infty}\frac{(-1)^k}{k!\Gamma(-n+k+1)}\cdot\left(\frac{x}{2}\right)^{-n+2k}=\sum_{m=0}^{\infty}\frac{(-1)^{m+n}}{(m+n)!\Gamma(m+1)}\cdot\left(\frac{x}{2}\right)^{n+2m},$$

这里再次更换级数下标令 $m=k-n$. 注意到 $(m+n)!=m!\cdot(m+1)\cdots(m+n)$, 而

$$(m+1)(m+2)\cdots(m+n)\Gamma(m+1)=\Gamma(n+m+1),$$

最终 $\mathrm{J}_{-n}(x)$ 可表达为

$$\mathrm{J}_{-n}(x)=(-1)^n\sum_{k=0}^{\infty}\frac{(-1)^m}{m!\Gamma(n+m+1)}\cdot\left(\frac{x}{2}\right)^{n+2m}.$$

对比 (5.19) 式发现上式的级数就等于 $\mathrm{J}_n(x)$, 因此引理得证. □

故我们仍需寻找贝塞尔方程 (5.8) 的另一个与 $\mathrm{J}_\alpha(x)$ 线性无关的另一个通解. 为此定义

$$\mathrm{N}_\alpha(x)=\lim_{\nu\to\alpha}\frac{\mathrm{J}_\nu(x)\cos\nu\pi-\mathrm{J}_{-\nu}(x)}{\sin\nu\pi}. \tag{5.22}$$

当 α 不为整数时, 直接将上式中的 ν 换成 α 即是 N_α 的表达式. 由于 $\mathrm{J}_\alpha(x)$ 与 $\mathrm{J}_{-\alpha}(x)$ 均为 α 阶贝塞尔方程的解, 其线性组合 N_α 自然也是方程 (5.8) 的解.

当 α 为整数 n 时, 根据前面的引理, (5.22) 式中的极限为 "0/0" 型. 可以利用**洛必达法则** (L'Hôpital's rule) 来进一步给出 N_n 的表达式. 由于其推导过程比较冗长, 在此不展开讨论. 但同样可以证明, $\mathrm{N}_n(x)$ 是 n 阶贝塞尔方程的一个解, 且与 $\mathrm{J}_n(x)$ 线性无关.

我们将由 (5.22) 式所定义的 $\mathrm{N}_\alpha(x)$ 称为**第二类贝塞尔函数** (Bessel function of the second kind), 也称为**诺依曼函数**(Neumann function). 这样 α 阶贝塞尔方程 (5.8) 的通解就可以由两类贝塞尔函数 $\mathrm{J}_\alpha(x)$ 与 $\mathrm{N}_\alpha(x)$ 的线性组合表达. 图 5.1 给出了两类贝塞尔函数在 $\alpha=0, 1, 2, 3$ 时的图像. 可以观察到, 当 x 从右边趋于 0 时, 第二类贝塞尔函数是趋于负无穷的:

$$\lim_{x\to0^+}\frac{1}{\mathrm{N}_\alpha(x)}=0. \tag{5.23}$$

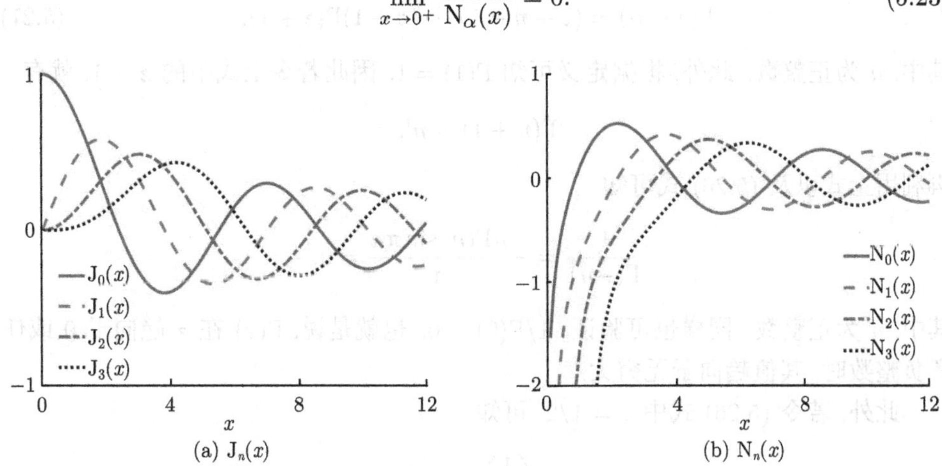

(a) $\mathrm{J}_n(x)$　　(b) $\mathrm{N}_n(x)$

图 5.1 两类贝塞尔函数 $\mathrm{J}_n(x)$ 与 $\mathrm{N}_n(x)$ 的图像

至此我们给出了两类贝塞尔函数的定义. 需要指出的是, 贝塞尔函数是通过一个线性常微分方程 (即贝塞尔方程) 诱导定义的, 且我们对其的第一印象是通过其级数表达式建立的. 这似乎与我们以往学习初等函数的方式不同. 实际上, 贝塞尔函数与初等函数, 特别是正余弦三角函数有着极多的相似之处. 例如, 正余弦函数也可以通过线性常微分方程 $\Theta''(x)+\alpha^2\Theta(x)=0$ 诱导定义. 在下一节中, 我们将讨论贝塞尔函数的性质, 更进一步揭示贝塞尔函数与初等函数的类比关系.

预备知识

伽玛函数

我们在微积分的课程里已经接触过伽玛函数这类特殊函数, 其定义如下:

$$\Gamma(z)=\int_0^{\infty}\mathrm{e}^{-x}x^{z-1}\mathrm{d}x. \tag{5.24}$$

伽玛函数有如下性质:

- *递推公式*(recursive formula):

$$\Gamma(z+1)=z\Gamma(z), \tag{5.25}$$

- *反射公式*(reflection formula):

$$\Gamma(z)\Gamma(1-z)=-z\Gamma(z)\Gamma(-z)=\frac{\pi}{\sin\pi z}. \tag{5.26}$$

伽玛函数的递推公式可以直接通过定义验证. 值得指出的是, 上述性质对于 z 为复数的情形也同样成立.

利用上述性质, 可以导出伽玛函数在某些特定点的值. 首先 (5.25) 式可以写成更一般的形式:

$$\Gamma(z+n)=(z+n-1)\cdots(z+1)\Gamma(z+1), \tag{5.27}$$

其中, n 为正整数. 此外, 根据定义可知 $\Gamma(1)=1$. 因此若令上式中的 $z=1$, 就有

$$\Gamma(n+1)=n!.$$

再利用上式以及 (5.26) 式可知

$$\frac{1}{\Gamma(-n)}=-\frac{n\Gamma(n)\sin\pi n}{\pi}=0,$$

其中, n 为正整数. 同样也可验证: $1/\Gamma(0)=0$. 也就是说, $\Gamma(z)$ 在 z 趋向于 0 或任意负整数时, 其值趋向于无穷大.

此外, 若令 (5.26) 式中 $z=1/2$, 可知

$$\Gamma\left(\frac{1}{2}\right)=\sqrt{\pi}.$$

若 (5.27) 式中 $z=1/2$ 有

$$\Gamma\left(n+\frac{1}{2}\right)=\left(n-\frac{1}{2}\right)\cdots\frac{1}{2}\cdot\Gamma\left(\frac{1}{2}\right)=\frac{1\cdot 3\cdot 5\cdots(2n-1)\sqrt{\pi}}{2^n}=\frac{(2n)!\sqrt{\pi}}{2^{2n}n!}. \tag{5.28}$$

再利用反射公式有

$$\begin{aligned}\Gamma\left(-n+\frac{1}{2}\right)&=-\left(n+\frac{1}{2}\right)\Gamma\left(-n-\frac{1}{2}\right)=\frac{\pi}{\sin\left(n\pi+\frac{\pi}{2}\right)\Gamma\left(n+\frac{1}{2}\right)}\\&=(-1)^n\frac{2^{2n}n!}{(2n)!}\cdot\sqrt{\pi}.\end{aligned} \tag{5.29}$$

图 5.2 是伽玛函数的图像, 以及一些关键点的坐标.

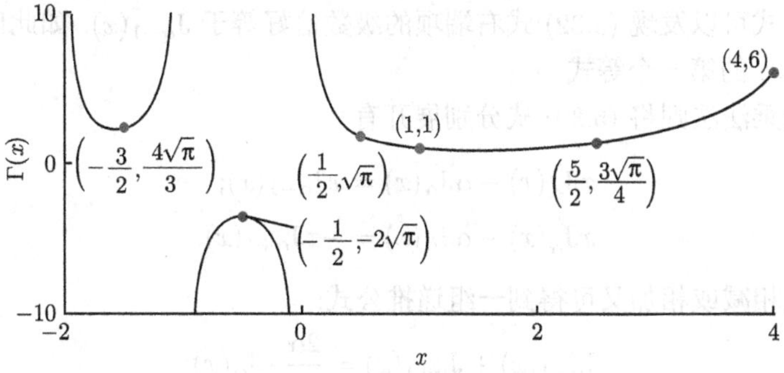

图 5.2 伽玛函数

5.2 贝塞尔函数的性质

我们将讨论两类贝塞尔函数的性质. 在本节最后将贝塞尔函数与三角函数进行类比, 以深入对贝塞尔函数各个性质的理解.

5.2.1 递推公式

贝塞尔函数的递推公式是指 α 阶贝塞尔函数与其相邻 $(\alpha\pm1)$ 阶贝塞尔函数之间的等式关系. 首先给出第一类贝塞尔函数的递推关系:

$$\frac{\mathrm{d}}{\mathrm{d}x}\left(x^{\alpha}\mathrm{J}_{\alpha}(x)\right)=x^{\alpha}\mathrm{J}_{\alpha-1}(x),\quad \frac{\mathrm{d}}{\mathrm{d}x}\left(x^{-\alpha}\mathrm{J}_{\alpha}(x)\right)=-x^{-\alpha}\mathrm{J}_{\alpha+1}(x). \tag{5.30}$$

现证明上述递推公式, 我们以第一个等式为例. 由于上述递推公式只包含多项式, 证明的一个想法是利用 $\mathrm{J}_{\alpha}(x)$ 的级数表达式. 将级数表达式 (5.19) 代入 (5.30) 式第一个等式左边有

$$\begin{aligned}\frac{\mathrm{d}}{\mathrm{d}x}\left(x^{\alpha}\mathrm{J}_{\alpha}(x)\right)&=\frac{\mathrm{d}}{\mathrm{d}x}\left(\sum_{k=0}^{\infty}\frac{(-1)^{k}2^{\alpha}}{k!\Gamma(\alpha+k+1)}\cdot\left(\frac{x}{2}\right)^{2\alpha+2k}\right)\\&=\sum_{k=0}^{\infty}\frac{(-1)^{k}\cdot 2^{\alpha+1}(\alpha+k)}{2^{2\alpha+2k}k!\Gamma(\alpha+k+1)}\cdot x^{2\alpha+2k-1}\\&=\sum_{k=0}^{\infty}\frac{(-1)^{k}(\alpha+k)2^{\alpha}}{k!\Gamma(\alpha+k+1)}\cdot\left(\frac{x}{2}\right)^{2\alpha+2k-1}.\end{aligned}\tag{5.31}$$

这里再次利用伽玛函数的性质: $\Gamma(\alpha+k+1)=(\alpha+k)\Gamma(\alpha+k)$. 如此便可以将 (5.31) 式分子中的 $(\alpha+k)$ 因子约去. 于是有

$$\frac{\mathrm{d}}{\mathrm{d}x}\left(x^{\alpha}\mathrm{J}_{\alpha}(x)\right)=x^{\alpha}\sum_{k=0}^{\infty}\frac{(-1)^{k}}{k!\Gamma(\alpha+k)}\cdot\left(\frac{x}{2}\right)^{\alpha-1+2k}.\tag{5.32}$$

对比 (5.19) 式可以发现 (5.32) 式右端项的级数恰好等于 $\mathrm{J}_{\alpha-1}(x)$. 如此便证明了递推公式 (5.30) 的第一个等式.

用导数乘法法则将 (5.30) 式分别展开有

$$x\mathrm{J}_{\alpha}^{'}(x)+\alpha\mathrm{J}_{\alpha}(x)=x\mathrm{J}_{\alpha-1}(x);\tag{5.33a}$$

$$x\mathrm{J}_{\alpha}^{'}(x)-\alpha\mathrm{J}_{\alpha}(x)=-x\mathrm{J}_{\alpha+1}(x).\tag{5.33b}$$

将上述两式相减或相加又可得到一组递推公式:

$$\mathrm{J}_{\alpha-1}(x)+\mathrm{J}_{\alpha+1}(x)=\frac{2\alpha}{x}\cdot\mathrm{J}_{\alpha}(x)\tag{5.34a}$$

$$\mathrm{J}_{\alpha-1}(x)-\mathrm{J}_{\alpha+1}(x)=2\mathrm{J}_{\alpha}^{'}(x)\tag{5.34b}$$

这里给出了第一类贝塞尔函数递推公式的表达式, 我们可以根据问题的不同选取适当的递推公式. 第二类贝塞尔函数 $\mathrm{N}_{\alpha}(x)$ 与 (5.30) 式有相同的表达形式, 即

$$\frac{\mathrm{d}}{\mathrm{d}x}\left(x^{\pm\alpha}\mathrm{N}_{\alpha}(x)\right)=\pm x^{\pm\alpha}\mathrm{N}_{\alpha\mp1}(x).\tag{5.35}$$

利用上述递推公式, 我们考虑半整数阶第一类贝塞尔函数 $\mathrm{J}_{\pm n+\frac{1}{2}}(x)$ 的表达式. 首先将 $\alpha=\dfrac{1}{2}$ 代入 $\mathrm{J}_{\alpha}(x)$ 的级数表达式 (5.19) 中有

$$\mathrm{J}_{\frac{1}{2}}(x)=\sum_{k=0}^{\infty}\frac{(-1)^{k}}{k!\Gamma\left(k+\dfrac{3}{2}\right)}\left(\frac{x}{2}\right)^{\frac{1}{2}+2k}.$$

根据伽玛函数递推公式 (5.28) 式, $\Gamma\left(k+\dfrac{3}{2}\right)=\dfrac{[2(k+1)]!\sqrt{\pi}}{2^{2(k+1)}(k+1)!}$ 代入上式中有

$$\mathrm{J}_{\frac{1}{2}}(x)=\sum_{k=0}^{\infty}\frac{(-1)^{k}}{k!}\cdot\frac{2^{2(k+1)}(k+1)!}{[2(k+1)]!\sqrt{\pi}}\left(\frac{x}{2}\right)^{\frac{1}{2}+2k}=\sqrt{\frac{2}{\pi x}}\cdot\sum_{k=0}^{\infty}\frac{(-1)^{k}x^{2k+1}}{(2k+1)!}.$$

上式右端项的级数正好等于 $\sin x$, 因此得到

$$\mathrm{J}_{\frac{1}{2}}(x)=\sqrt{\frac{2}{\pi x}}\sin x. \tag{5.36}$$

类似地可以得到

$$\mathrm{J}_{-\frac{1}{2}}(x)=\sqrt{\frac{2}{\pi x}}\cos x, \tag{5.37}$$

证明留作课后习题.

令 (5.34a) 式中 $\alpha=1/2$ 并代入 (5.36) 式与 (5.37) 式有

$$\mathrm{J}_{\frac{3}{2}}(x)=\frac{1}{x}\mathrm{J}_{\frac{1}{2}}(x)-\mathrm{J}_{-\frac{1}{2}}(x)=\sqrt{\frac{2}{\pi x}}\left(\frac{\sin x}{x}-\cos x\right). \tag{5.38}$$

同理有

$$\mathrm{J}_{-\frac{3}{2}}(x)=-\frac{1}{x}\mathrm{J}_{-\frac{1}{2}}(x)-\mathrm{J}_{\frac{1}{2}}(x)=-\sqrt{\frac{2}{\pi x}}\left(\frac{\cos x}{x}-\sin x\right). \tag{5.39}$$

关于半奇数阶贝塞尔函数更一般的表达式, 我们在不给具体证明的情况下给出如下表达式:

$$\mathrm{J}_{n+\frac{1}{2}}(x)=(-1)^n\sqrt{\frac{2x}{\pi}}x^n\left(\frac{1}{x}\frac{\mathrm{d}}{\mathrm{d}x}\right)^n\left(\frac{\sin x}{x}\right); \tag{5.40a}$$

$$\mathrm{J}_{-n-\frac{1}{2}}(x)=\sqrt{\frac{2x}{\pi}}x^n\left(\frac{1}{x}\frac{\mathrm{d}}{\mathrm{d}x}\right)^n\left(\frac{\cos x}{x}\right), \tag{5.40b}$$

这里引入了 n 次微分算子 $\left(\frac{1}{x}\frac{\mathrm{d}}{\mathrm{d}x}\right)^n$. 例如,

$$\left(\frac{1}{x}\frac{\mathrm{d}}{\mathrm{d}x}\right)^2 f(x)=\frac{1}{x}\frac{\mathrm{d}}{\mathrm{d}x}\left(\frac{1}{x}\frac{\mathrm{d}f}{\mathrm{d}x}\right)=\frac{1}{x}\left(\frac{f'(x)}{x}\right)'.$$

从 (5.40a) 式与 (5.40b) 式可以看出, 半整数阶贝塞尔函数实际上是初等函数. 半整数阶贝塞尔函数常常被用于分析球域内的物理问题.

5.2.2 贝塞尔函数的零点

这里主要讨论整数阶贝塞尔函数零点的性质. 从第一类贝塞尔函数的级数表达式 (5.19) 可以看到, 当 n 为奇数时, $\mathrm{J}_n(x)$ 为奇函数; 当 n 为偶数时, $\mathrm{J}_n(x)$ 为偶函数. 这就说明, 整数阶 $\mathrm{J}_n(x)$ 的零点是关于原点对称的. 此外根据其级数表达式还可以看到, 对于任意 $n>0$, $x=0$ 是 $\mathrm{J}_n(x)$ 的一个原点. 因此, 这里只需讨论贝塞尔函数正的零点.

第一类贝塞尔函数零点的性质总结如下, 其中部分性质也可以从上节中贝塞尔函数图像 5.1 中直观看到:

(1) **无穷性**. 贝塞尔函数有无穷多个正的实零点, 这里我们用 $\zeta_s^{(n)}$ 表达 $\mathrm{J}_n(x)$ 的第 s 个正零点, $s=1, 2, \cdots$, 满足 $0<\zeta_1^{(n)}<\zeta_2^{(n)}<\cdots$.

(2) **相间分布性**. $\mathrm{J}_n(x)$ 任意两个零点之间一定存在且只存在一个 $\mathrm{J}_{n+1}(x)$ 的零点.

(3) **渐进性质**. $\mathrm{J}_n(x)$ 的相邻零点在其值趋向于无穷大时, 其间距趋向于 π, 即

$$\lim_{s\to\infty}\left(\zeta_{s+1}^{(n)}-\zeta_s^{(n)}\right)=\pi.$$

值得指出的是, 第二类整数阶贝塞尔函数 $\mathrm{N}_n(x)$ 的零点也有上述类似的性质, 部分也可以从图 5.1(b) 中直接观察到.

整数阶贝塞尔函数的零点在工程计算中有重要的应用价值, 其值已经被精确计算出来. 表 5.1 和表 5.2 中分别汇总了 $\mathrm{J}_n(x)$ 和 $\mathrm{N}_n(x)$ 在 $n=0, 1, 2, 3, 4$ 时前五个零点的近似值①.

表 5.1 第一类整数阶贝塞尔函数 $\mathrm{J}_n(x)$, $n=0, 1, 2, 3, 4$ 前五个零点的近似值总结

n \ s	1	2	3	4	5
0	2.4048	5.5201	8.6537	11.7915	14.9309
1	3.8317	7.0156	10.1735	13.3237	16.4706
2	5.1356	8.41723	11.6198	14.7960	17.9598
3	6.3802	9.7610	13.0152	16.2235	19.4094
4	7.5883	11.0647	14.3725	17.6160	20.8269

表 5.2 第二类整数阶贝塞尔函数 $\mathrm{N}_n(x)$, $n=0, 1, 2, 3, 4$ 前五个零点的近似值总结

n \ s	1	2	3	4	5
0	0.8936	3.9577	7.0861	10.2223	13.3611
1	2.1971	5.4297	8.5960	11.7492	14.8974
2	3.3847	6.7938	10.0235	13.2100	16.3790
3	4.5270	8.0976	11.3965	14.6231	17.8185
4	5.6452	9.3616	12.7301	15.9996	19.2244

5.2.3 近似公式

在工程应用中, 贝塞尔函数的值一般是通过级数表达式 (5.19) 给出的. 当自变量 x 值比较大时, 需要取到级数的较高次幂后才能较好地逼近函数的精确值, 这往往会带来较大的计算量. 因此, 如果可以找到一个形式简单且在较大自变量值时对

① 数据来自于*Handbook of Mathematical Functions*, M. Abramowitz 和 I. A. Stegun 编, 409-410 页

贝塞尔函数有较好逼近的表达式, 将是一项很有意义的工作. 分析表明, 当 x 取较大值时, 我们有如下逼近

$$\mathrm{J}_{\alpha}(x) \approx \sqrt{\frac{2}{\pi x}} \cos\left(x - \frac{\pi}{4} - \frac{\alpha\pi}{2}\right); \tag{5.41a}$$

$$\mathrm{N}_{\alpha}(x) \approx \sqrt{\frac{2}{\pi x}} \sin\left(x - \frac{\pi}{4} - \frac{\alpha\pi}{2}\right). \tag{5.41b}$$

例如, 由 (5.41a) 式, 当 x 充分大时, $\mathrm{J}_0(x)$ 的零点 $\zeta_s^{(0)}$ 可由 $\left(s-\dfrac{1}{4}\right)\pi$ 逼近. 将 $s=5$ 代入可得 $\zeta_0^{(5)} \approx 14.915$. 对比表 5.1 中的值发现, 此时已经可以达到小数点后一位有效数字的精度. 换句话说, 当 $x \geqslant 15$ 时, (5.41a) 式对 $\mathrm{J}_0(x)$ 已经可达到超过一位有效数字的逼近精度. 因此, 上述近似公式在工程实际中具有非常高的应用价值.

5.2.4 由贝塞尔函数组成的完备正交系

在 1.3 节与 2.3 节中, 我们针对矩形区域 $(t>0,\ x\in[0,L])$ 内使用分离变量法分别求解弦振动方程和热传导方程. 求解的关键在于引入了满足相应齐次边界条件的一组正交完备三角函数系, 从而将未知函数 $u(x,t)$ 表达为该三角函数系 (乘以相应的时间函数) 构成的级数形式. 在 2.3.2 小节中, 我们进而讨论了上述级数表达的一般性条件, 即空间变量的控制方程具有 (2.72) 式给出的施图姆–刘维尔型方程形式.

实际上, 5.1.1 小节所讨论的圆域内热传导问题, 在分离变量后其空间变量满足的控制方程 (5.8) 同样具有施图姆–刘维尔型方程的特征. 本小节我们将以此为切入点, 推导出由贝塞尔函数构成函数系具有正交完备性的特点, 从而为求解圆域内热传导方程打下基础.

考虑圆域内热传导方程分离变量后关于径向坐标 r 函数所满足控制方程与边界条件 (5.8):

$$\begin{cases} r^2\dfrac{\mathrm{d}^2\mathcal{P}}{\mathrm{d}r^2} + r\dfrac{\mathrm{d}\mathcal{P}}{\mathrm{d}r} + (\lambda r^2 - n^2)\mathcal{P} = 0, \quad r\in[0,R]; \\ \mathcal{P}|_{r=R} = 0; \\ |\mathcal{P}(0)| < +\infty. \end{cases}$$

为了和施图姆–刘维尔型方程相对应, 我们在上式 $r=0$ 的端点处加入了自然边界条件, 即 $\mathcal{P}(r)$ 在 $r=0$ 有定义.

将上式的方程两边同除以 r 并将前两项导数项合并可得

$$\begin{cases} \dfrac{\mathrm{d}}{\mathrm{d}r}\left(r\dfrac{\mathrm{d}\mathcal{P}}{\mathrm{d}r}\right)-\dfrac{n^2}{r}\mathcal{P}+\lambda r\mathcal{P}=0, \quad r\in(0,R); \\ \mathcal{P}|_{r=R}=0; \\ |\mathcal{P}(0)|<+\infty. \end{cases} \tag{5.42}$$

对比 (2.72) 式可知, 问题 (5.42) 中的常微分方程具有施图姆–刘维尔型方程的形式. 这里需要指出的是, 此处我们除了要保证方程的形式与 (2.72) 式一致, 还需满足相应的符号要求, 即对于任意 $r\in(0,R)$(2.72) 式中的 $k=r>0$, $q=n^2/x>0$, $\rho=r>0$ 成立. 此外, 容易验证问题 (5.42) 中在 $r=R$ 处的边界条件具有 (2.74) 式的特征; 而在 $r=0$ 处, 由于 k 函数取零值, 也满足 (2.73) 式要求的自然边界条件.

因此, 可以利用 2.3.2 小节中施图姆–刘维尔型方程的结论:

(1) 存在一组非负特征值 $\lambda_1^{(n)}<\lambda_2^{(n)}<\cdots<\lambda_s^{(n)}<\cdots$ 使得问题 (5.42) 存在(不恒等于零的) 非平凡解;

(2) 这组非平凡解, 用 $\mathcal{P}_1^{(n)}(r)$, $\mathcal{P}_2^{(n)}(r)$, $\cdots$, $\mathcal{P}_s^{(n)}(r)$, $\cdots$ 标记, 构成一组相互正交的特征函数系;

(3) 任意满足问题 (5.42) 中边界条件的连续函数, 均可写成该特征函数系的级数形式.

这里需要强调的是, 要区分 $\lambda_s^{(n)}$ 上下标的意义. 对于任意 n, 问题 (5.42) 都具有施图姆–刘维尔型方程的形式, 而上标 n 告诉我们所考虑的是哪一阶的贝塞尔方程. 在 n 给定的前提下, 下标 s 对应上述性质 1 中的下标 s, 标定 n 阶方程的第 s 个特征值.

上述结论为由贝塞尔函数构成的特征函数系提供了存在性保障, 我们还需要具体的求出上述特征值与特征函数的表达式.

由 5.1.1 小节最后一部分讨论可知, 对于任意 n, 问题 (5.42) 中方程的通解可表达为

$$\mathcal{P}^{(n)}(r)=A\mathrm{J}_n\left(\sqrt{\lambda}r\right)+B\mathrm{N}_n\left(\sqrt{\lambda}r\right). \tag{5.43}$$

读者也可以代入方程 (5.42) 进行直接验证. 由于 $\mathrm{N}_n(\sqrt{\lambda}r)$ 在 $r=0$ 处趋向于负无穷, 必须令上式中 $B=0$ 方能保证 $\mathcal{P}^{(n)}(r)$ 满足问题 (5.42) 中 (在 $r=0$ 处) 的自然边界条件. 因此问题 (5.42) 中方程的通解可表达为

$$\mathcal{P}_n(r)=A\mathrm{J}_n\left(\sqrt{\lambda}r\right). \tag{5.44}$$

将上式代入问题 (5.42) 中 $r=R$ 处的边界条件有

$$\mathrm{J}_n\left(\sqrt{\lambda}R\right)=0.$$

因此必须满足 $\sqrt{\lambda}R=\zeta_s^{(n)}$, 其中 $\zeta_s^{(n)}$ 为 J_n 的第 s 个零点. 这就表明, 对于任意参数 n, 问题 (5.42) 都对应无穷个特征值, 满足

$$\lambda_s^{(n)}=\left(\frac{\zeta_s^{(n)}}{R}\right)^2. \tag{5.45}$$

同时也可以给出 $\lambda_s^{(n)}$ 所对应的特征函数:

$$\mathcal{P}_s^{(n)}(r)=\mathrm{J}_n\left(\frac{\zeta_s^{(n)}r}{R}\right). \tag{5.46}$$

这里我们再次强调上下标的意义. 对于任意 n, $\{\mathcal{P}_s^{(n)}(r)\}_{s=1}^{\infty}$ 均构成一组特征函数系. 例如, 当 $n=0$ 时, $\left\{\mathcal{P}_s^{(0)}(r)\right\}_{s=1}^{\infty}=\left\{\mathrm{J}_0\left(\frac{\zeta_s^{(0)}r}{R}\right)\right\}_{s=1}^{\infty}$ 构成一组正交函数系. 而当 $n=2$ 时, $\left\{\mathcal{P}_s^{(2)}(r)\right\}_{s=1}^{\infty}=\left\{\mathrm{J}_2\left(\frac{\zeta_s^{(2)}r}{R}\right)\right\}_{s=1}^{\infty}$ 构成了另一组正交函数系.

对照 2.3.2 小节中施图姆–刘维尔型方程的推论, 我们可以给出如下结论.

(1) 对于任意固定 n, 由 (5.46) 式给出的特征函数系具有**正交性**:

$$\int_0^R r\mathrm{J}_n\left(\frac{\zeta_s^{(n)}r}{R}\right)\mathrm{J}_n\left(\frac{\zeta_k^{(n)}r}{R}\right)\mathrm{d}r=0 \tag{5.47}$$

对于任意 $s\neq k$ 均成立.

(2) 对于任意固定 n, 对于任意满足问题 (5.42) 边界条件的连续函数 $f(r)$, 即 $f(0)$ 存在; $f(R)=0$, 其均可写成由特征函数线性组合的级数形式:

$$f(r)=\sum_{s=1}^{\infty}A_s^{(n)}\mathrm{J}_n\left(\frac{\zeta_s^{(n)}r}{R}\right), \tag{5.48}$$

其中系数 $A_s^{(n)}$ 满足

$$A_s^{(n)}=\frac{1}{M_s^{(n)}}\int_0^R rf(r)\mathrm{J}_n\left(\frac{\zeta_s^{(n)}r}{R}\right)\mathrm{d}r, \tag{5.49}$$

这里

$$M_s^{(n)}=\int_0^R r\mathrm{J}_n^2\left(\frac{\zeta_s^{(n)}r}{R}\right)\mathrm{d}r \tag{5.50}$$

称为贝塞尔函数 $\mathrm{J}_n\left(\frac{\zeta_s^{(n)}r}{R}\right)$ 的模值(modulus).

分析表明①,

$$M_s^{(n)} = \frac{R^2}{2}\left[\mathrm{J}_n'\left(\zeta_s^{(n)}\right)\right]^2 = \frac{R^2}{2}\left[\mathrm{J}_{n-1}\left(\zeta_s^{(n)}\right)\right]^2 = \frac{R^2}{2}\left[\mathrm{J}_{n+1}\left(\zeta_s^{(n)}\right)\right]^2. \tag{5.51}$$

式中的第二与第三个等式来自贝塞尔函数的递推公式 (5.33a) 和 (5.33b).

上述正交完备性公式将有助于我们利用由 (整数阶) 贝塞尔函数构成的特征函数系求解圆域内的热传导方程.

5.2.5 与正余弦函数性质类比

这两节我们介绍了贝塞尔函数及其相关性质. 实际上, 其中许多类似的性质我们在简单函数, 特别是三角函数的讨论中接触过. 这一小节我们将对贝塞尔函数与正余弦函数进行多方面类比, 以巩固读者对贝塞尔函数的印象.

1. 控制方程

贝塞尔函数是通过线性常微分方程 (5.8), 即贝塞尔方程引入的. 或者说, 贝塞尔函数对应的一个具有施特姆–刘维尔型方程是 (5.42) 式:

$$\frac{\mathrm{d}}{\mathrm{d}x}\left(x\frac{\mathrm{d}y}{\mathrm{d}x}\right) - \frac{\alpha^2}{x}\cdot y + \lambda xy = 0.$$

而正余弦函数也对应一个施特姆–刘维尔型方程:

$$\frac{\mathrm{d}^2y}{\mathrm{d}x^2} + \lambda y = 0. \tag{5.52}$$

这里我们也看到贝塞尔函数所对应的方程要比正余弦函数所对应的方程多一个参数 α. 这也说明, 任意 α 阶贝塞尔函数均可以和正余弦函数建立类比. 从某种意义上讲, 贝塞尔函数的 “个数” 是远多于正余弦函数的. 为方便后面讨论, 我们不失一般性地选择 $\alpha = 0$ 来和正余弦函数进行类比.

我们知道, 余弦函数 $y = \cos x$ 和正弦函数 $y = \sin x$ 是方程 $y'' + y = 0$ 的两个线性无关的解. 对应的, 第一类贝塞尔函数 $y = \mathrm{J}_0(x)$ 和第二类贝塞尔函数 $y = \mathrm{N}_0(x)$ 是 0 阶贝塞尔方程 $x^2y'' + xy' + x^2y = 0$ 的两个线性无关的解. 两者的区别在于 $\mathrm{N}_0(x)$ 在 $x = 0$ 处没有定义.

2. 级数展开式

在 (5.19) 式中我们给出了第一类贝塞尔函数的级数展开式. 第一类贝塞尔函数和正余弦函数的级数展开式, 如

$$\cos x = \sum_{k=0} \frac{(-1)^k}{(2k)!}\cdot x^{2k},$$

① 推导过程并不复杂, 可参考《数学物理方程与特殊函数》第四版, 王元明编, 高等教育出版社, 5.5.2 小节

相比有许多共性.

首先, 它们都是在整个实数域上收敛的. 我们知道上式中 $1/(2k)!$ 的通项系数保证了 $\cos x$ 在整个实数域级数均收敛. 若将 $\alpha=0$ 代入 (5.19) 式有

$$\mathrm{J}_0(x)=\sum_{k=0}^{\infty}\frac{(-1)^k}{2^{2k}(k!)^2}x^{2k}. \tag{5.53}$$

同样可以看到含有 $1/(k!)^2$ 的通项系数. 实际上, 根据**斯特林近似公式**(Stirling's approximation), 当 n 充分大时,

$$n!\sim\sqrt{2\pi n}\left(\frac{n}{\mathrm{e}}\right)^n.$$

如此我们可以对上述两个级数展开系数有如下估计:

$$\frac{1}{(2k)!}\sim\frac{1}{\sqrt{4\pi k}}\left(\frac{\mathrm{e}}{2k}\right)^{2k},\qquad\frac{1}{(k!)^2}\sim\frac{1}{2\pi k}\left(\frac{\mathrm{e}}{2k}\right)^{2k}.$$

可以看到, $\mathrm{J}_0(x)$ 与正余弦函数具有类似的级数收敛速度.

贝塞尔函数与正余弦函数级数展开的第二点类似之处在于对于任意 $x\in\mathbb{R}$, 它们都是**交错级数**(alternating series). 正余弦函数的图像关于 $y=0$ 轴上下振荡也可看作其交错级数的特点所引起的. 类似地, 由图 5.1(a) 可知, 贝塞尔的函数也是关于 $y=0$ 轴上下振荡的. 此外, 和正余弦函数一样, 贝塞尔级数展开的每一项与相邻项差 x^2. 这一性质也保证 $\mathrm{J}_n(x)$ 一定是奇函数或偶函数.

3. 零点

我们已经知道, 正余弦函数的零点是关于 $x=0$ 对称的, 整数阶贝塞尔函数也有同样的特征. 此外, 三角函数 $y=\cos x$ 存在无穷多个正零点且相邻零点之间距离为 π. 根据 5.2.2 小节的讨论, 整数阶贝塞尔函数同样存在无穷多个正零点 $\zeta_s^{(n)}$. 当 s 充分大时, 相邻零点的间距趋近于 π. 而正零点有助于确定对应施特姆–刘维尔型方程的特征值.

4. 正交完备性

正余弦函数与贝塞尔函数所对应的施特姆–刘维尔型方程分别为 (5.52) 式和 (5.42) 式. 因此正余弦函数与任意整数阶贝塞尔函数均可形成一组正交完备函数系. 两者的区别在于, 正余弦函数的特征方程 (5.52) 需要提两个外加边界条件, 而贝塞尔方程 (5.42) 在 $x=0$ 处退化, 因此需提一个外加边界条件和一个自然边界条件.

5. 递推关系

最后我们讨论递推关系. 值得指出的是, 我们之前类比的讨论是要求贝塞尔函数的阶数 α 固定. 但贝塞尔函数的递推关系用于刻画不同阶贝塞尔函数之间的转换关系. 正余弦函数也存在递推关系. 例如, 我们之前学到的和差化积公式, 将以 $\dfrac{2\pi}{n+1}$ 为周期的正余弦函数用以 $\dfrac{2\pi}{n}$ 及 $\dfrac{2\pi}{n-1}$ 为周期的正余弦函数表示出来.

6. 小结

通过上述类比, 我们发现贝塞尔函数虽然是特殊函数的一种, 但它与我们以前所学的函数并非毫无关联. 很多简单函数的性质在贝塞尔函数里都有对应的表达. 与简单函数的类比是学习特殊函数的一个重要方法, 它不仅有助于我们更好的掌握贝塞尔函数的性质, 而且让我们可以从更全面的角度去了解由函数构成的空间的特征.

5.3 利用贝塞尔函数求解偏微分方程

例 5.1 考虑二维圆域内的波动方程

$$\begin{cases} u_{tt}-(u_{xx}+u_{yy})=0, \quad t>0, \quad \sqrt{x^2+y^2}<1; \\ u|_{\sqrt{x^2+y^2}=1}=0; \\ u|_{t=0}=1-(x^2+y^2), \quad u_t|_{t=0}=0. \end{cases} \tag{5.54}$$

解 首先将考虑问题 (5.54) 在极坐标系 $\left[r=\sqrt{x^2+y^2}, \theta=\arctan\dfrac{y}{x}\right]$ 中的表达形式. 注意到问题中的方程及初边值条件均与夹角 θ 无关, 可以推断方程的解应该也与 θ 无关. 因此, 在极坐标系下问题 (5.54) 可改写为

$$\begin{cases} u_{tt}-\left(u_{rr}+\frac{1}{r}u_r\right)=0, \quad t>0, \quad r\in[0,1); \\ u|_{r=1}=0; \\ u|_{t=0}=1-r^2, \quad u_t|_{t=0}=0. \end{cases} \tag{5.55}$$

令未知变量 u 有以下分离变量的形式

$$u(r;t)=V(r)T(t). \tag{5.56}$$

代入问题 (5.55) 中的控制方程得

$$\frac{T''}{T}=\frac{1}{V}\left(V''+\frac{V'}{r}\right)=-\lambda,$$

其中 $\lambda>0$. 由此得到一对常微分方程

$$T''+\lambda T=0; \tag{5.57a}$$

$$V''+\frac{V'}{r}+\lambda V=0. \tag{5.57b}$$

参照 5.1.1 小节末关于 (5.6) 式和 (5.7) 式的讨论, 方程 (5.57b) 的通解可表达为

$$V(r)=A\mathrm{J}_0\left(\sqrt{\lambda}r\right)+B\mathrm{N}_0\left(\sqrt{\lambda}r\right).$$

根据 $r=0$ 处的自然边界条件, $B=0$.

再将 $u|_{r=1}=0$ 代入上式, 可知 $\lambda_s=(\zeta_s^{(0)})^2$, $s=1, 2, \cdots$, 其中 $\zeta_s^{(0)}$ 为零阶第一类贝塞尔函数的正零点. 而特征值 $\lambda_s^{(0)}$ 所对应的特征函数为

$$y_s(r)=\mathrm{J}_0\left(\zeta_s^{(0)}r\right). \tag{5.58}$$

将上述特征函数代入 (5.57a) 式有

$$T_s''+\left(\zeta_s^{(0)}\right)^2\cdot T_s=0.$$

从而得到

$$T_s(t)=C_s\cos\left(\zeta_s^{(0)}t\right)+D_s\sin\left(\zeta_s^{(0)}t\right).$$

因此问题 (5.55) 的解可以表达为

$$u(r;t)=\sum_{s=1}^{\infty}\left[C_s\cos\left(\zeta_s^{(0)}t\right)+D_s\sin\left(\zeta_s^{(0)}t\right)\right]\cdot\mathrm{J}_0(\zeta_s^{(0)}r) \tag{5.59}$$

的形式. 利用 $u_t|_{t=0}$ 可得 $D_s=0$. 将 $u|_{t=0}=1-r^2$ 代入 (5.59) 式得

$$1-r^2=\sum_{s=1}^{\infty}C_s\mathrm{J}_0(\zeta_s^{(0)}r).$$

为确定系数 C_s 的值, 我们利用贝塞尔函数系的正交完备性, 即代入 (5.49) 式中有

$$C_s=\frac{1}{M_s}\int_0^1 r(1-r^2)\mathrm{J}_0(\zeta_s^{(0)}r)\mathrm{d}r, \tag{5.60}$$

其中利用 (5.51) 式

$$M_s=\frac{\mathrm{J}_1^2\left(\zeta_s^{(0)}\right)}{2}. \tag{5.61}$$

此时还需计算 (5.60) 式的另一个积分.

这里我们需要借助贝塞尔函数的递推公式 (5.30). 对于任意实数 β, 引入变量代换 $x=\beta r$ 并利用链式求导法则有

$$\frac{\mathrm{d}}{\mathrm{d}r}\left[r\mathrm{J}_1(\beta r)\right]=\frac{\mathrm{d}}{\mathrm{d}x}\left[x\mathrm{J}_1(x)\right]=x\mathrm{J}_0(x)=\beta r\mathrm{J}_0(\beta r).$$

上式两端同除以 β 得到

$$r\mathrm{J}_0(\beta r)=\frac{1}{\beta}\frac{\mathrm{d}}{\mathrm{d}r}\left[r\mathrm{J}_1(\beta r)\right]. \tag{5.62a}$$

同理可以得到另外两个在计算含贝塞尔函数积分的重要公式:

$$\mathrm{J}_1(\beta r)=-\frac{1}{\beta}\frac{\mathrm{d}}{\mathrm{d}r}\left[\mathrm{J}_0(\beta r)\right]; \tag{5.62b}$$

$$r^2\mathrm{J}_1(\beta r)=\frac{1}{\beta}\frac{\mathrm{d}}{\mathrm{d}r}\left[r^2\mathrm{J}_2(\beta r)\right]. \tag{5.62c}$$

上式的证明比较直接, 这里留作课后作业.

为计算 (5.60) 式中的积分, 我们基于 (5.62a) 和 (5.62c) 式给出更一般的计算公式:

$$\int_0^z r\mathrm{J}_0(\beta r)\,\mathrm{d}r=\frac{r}{\beta}\cdot\mathrm{J}_1(\beta r)\Big|_0^z=\frac{z}{\beta}\cdot\mathrm{J}_1(\beta z); \tag{5.63a}$$

$$\begin{aligned}\int_0^z r^3\mathrm{J}_0(\beta r)\,\mathrm{d}r&=\frac{1}{\beta}\int_0^z r^2\,\mathrm{d}\left[r\mathrm{J}_1(\beta r)\right]\\&=\frac{z^3}{\beta}\mathrm{J}_1(\beta z)-\frac{2}{\beta}\int_0^z r^2\mathrm{J}_1(\beta r)\,\mathrm{d}r=\frac{z^3}{\beta}\mathrm{J}_1(\beta z)-\frac{2z^2}{\beta^2}\mathrm{J}_2(\beta z).\end{aligned} \tag{5.63b}$$

令上两式中 $z=1,\beta=\zeta_s^{(0)}$, 并代入 (5.60) 式中的积分有

$$\int_0^1 r(1-r^2)\mathrm{J}_0(\zeta_s^{(0)}r)\mathrm{d}r=\frac{2\mathrm{J}_2\left(\zeta_s^{(0)}\right)}{\left(\zeta_s^{(0)}\right)^2}.$$

将上式与 (5.61) 式一并代入 (5.60) 式可得相应的系数表达式:

$$C_s=\frac{4\mathrm{J}_2\left(\zeta_s^{(0)}\right)}{\left(\zeta_s^{(0)}\right)^2\cdot\mathrm{J}_1^2\left(\zeta_s^{(0)}\right)}. \tag{5.64}$$

而问题 (5.54) 的解 (在直角坐标系下) 可最终表达为

$$u(x,y;t)=\sum_{s=1}^{\infty}C_s\cos\left(\zeta_s^{(0)}t\right)\cdot\mathrm{J}_0\left(\zeta_s^{(0)}\sqrt{x^2+y^2}\right),$$

其中, C_s 由 (5.64) 式给出. □

本例子的难点在于求解含贝塞尔函数的定积分, 而其中关键的技巧在于反复利用贝塞尔函数的递推公式.

我们再考虑圆柱体内求解热传导方程的一个算例.

例 5.2 令 Ω 为底面半径为 R, 高度为 L 的圆柱状区域:

$$\Omega=\left\{(x,y,z)|x^2+y^2\leqslant R,\quad z\in[0,L]\right\}.$$

考虑 Ω 内的热传导过程

$$\begin{cases}u_t-a^2\Delta u=0,\quad t>0,\quad (x,y,z)\in\Omega;\\ \dfrac{\partial u}{\partial n}|_{\partial\Omega}=0;\\ u|_{t=0}=\left(1-\dfrac{\sqrt{x^2+y^2}}{R}\right)\left(1-\dfrac{\sqrt{x^2+y^2}}{R}\right).\end{cases}\tag{5.65}$$

解 由于考虑的区域为圆柱, 很自然我们引入柱坐标(cylindrical coordinates):

$$r=\sqrt{x^2+y^2},\quad \theta=\arctan\frac{y}{x},\quad z=z.\tag{5.66}$$

在柱坐标系 $\Omega=\{(r,\theta,z)|r\leqslant 1,\ \theta\in[0,2\pi),\ z\in[0,L]\}$. 根据 3.3 节的讨论, 拉普拉斯算子在柱坐标系下可化为

$$\Delta u=u_{rr}+\frac{1}{r}u_r+\frac{1}{r^2}u_{\theta\theta}+u_{zz}.\tag{5.67}$$

和例 5.1 类似, 由于问题中没有出现与变量 θ 相关的方程或初边值条件, 因此未知函数与 θ 无关. 此外, 问题 (5.65) 的边界条件可以分为两种. 在圆柱侧面, u 沿外法向的导数与其沿径向 r 的导数一致

$$\left.\frac{\partial u}{\partial n}\right|_{r=R}=\left.\frac{\partial u}{\partial r}\right|_{r=R}=0;$$

在圆柱的上下底面, u 沿外法向的导数等价于 u 沿 z 正负方向的导数, 即

$$\left.\frac{\partial u}{\partial n}\right|_{z=0}=-\left.\frac{\partial u}{\partial z}\right|_{z=0}=0,\quad \left.\frac{\partial u}{\partial n}\right|_{z=L}=\left.\frac{\partial u}{\partial z}\right|_{z=L}=0.$$

我们注意到, 若未知函数 u 与 z 无关, 仍满足上述边界条件, 且问题 (5.65) 中的初始状态也与 z 无关. 因此不妨假设未知函数仅与径向 r 和时间 t 有关: $u=u(r;t)$. 换句话说, 原问题可以等效于圆域内的热传导问题:

$$\begin{cases}u_t-\left(u_{rr}+\dfrac{1}{r}u_r\right)=0,\quad t>0,\quad r\in[0,1];\\ \left.\dfrac{\partial u}{\partial r}\right|_{r=R}=0;\\ u|_{t=0}=\left(1-\dfrac{r}{R}\right)^2.\end{cases}\tag{5.68}$$

与上一例子相似, 假设 $u(r;t)=V(r)T(t)$, 代入方程并分离变量可以得到一个关于时间变量的常微分方程

$$T^{'}+\lambda a^2 T=0 \tag{5.69}$$

和一个关于空间变量满足齐次边界条件的常微分方程定解问题

$$\begin{cases} r^2V^{''}+rV^{'}+\lambda r^2 V=0; \\ |V(0)|<\infty, \quad V'|_{r=R}=0. \end{cases} \tag{5.70}$$

于是有

$$V(r)=A\mathrm{J}_0(\sqrt{\lambda}r), \tag{5.71}$$

这里我们再次利用了 $r=0$ 处的自然边界条件以去掉含 $\mathrm{N}_0(\sqrt{\lambda}r)$ 项. 再代入 $r=R$ 处的边界条件有

$$\sqrt{\lambda}\left.\frac{\mathrm{dJ}_0(\sqrt{\lambda}r)}{\mathrm{d}r}\right|_{r=R}=0.$$

利用递推公式 (5.62b), 上式可进一步化为

$$\mathrm{J}_1(\sqrt{\lambda}R)=0.$$

注意到问题 (5.70) 中的控制方程具有施图姆–刘维尔型方程的形式, 我们可求出所对应的特征值:

$$\lambda_s=\left(\frac{\zeta_s^{(1)}}{R}\right)^2, \quad s=0,1,\cdots, \tag{5.72}$$

其中, $\zeta_s^{(1)}$ 是一阶第一类贝塞尔函数的零点.

这里需要强调的是, 常数函数也是问题 (5.70) 的一个非平凡解, 此时对应的特征值为 $\lambda_0=\zeta_0^{(1)}=0$.

上述特征值对应的特征函数为

$$y_0(r)=1, \quad y_s(r)=\mathrm{J}_0\left(\frac{\zeta_s^{(1)}r}{R}\right), \quad s=1,2,\cdots. \tag{5.73}$$

而由施图姆–刘维尔型方程的性质可知, $\{y_s(r)\}_{s=0}^{\infty}$ 自动构成一组完备正交特征函数系.

将 (5.72) 式中的特征值代入方程 (5.69) 后可得

$$T_s=C_s\mathrm{e}^{-\left(\frac{a\zeta_s^{(1)}}{R}\right)^2 t}, \quad s=0,1,\cdots.$$

最终可将问题 (5.68) 的解写成级数形式:

$$u(r;t)=\sum_{s=0}^{\infty}T_s(t)V_s(r)=C_0+\sum_{s=1}^{\infty}C_s\mathrm{e}^{-\left(\frac{a\zeta_s^{(1)}}{R}\right)^2t}\mathrm{J}_0\left(\frac{\zeta_s^{(1)}r}{R}\right).$$

带入初始条件有

$$\left(1-\frac{r}{R}\right)^2=C_0+\sum_{s=1}^{\infty}C_s\mathrm{J}_0\left(\frac{\zeta_s^{(1)}r}{R}\right).$$

利用施图姆–刘维尔型方程的性质 (2.77) 式:

$$C_0=\frac{1}{\displaystyle\int_0^R r\,\mathrm{d}r}\cdot\int_0^R r\left(1-\frac{r}{R}\right)^2\mathrm{d}r=\frac{1}{6};\tag{5.74}$$

$$C_s=\frac{1}{M_s}\int_0^R r\left(1-\frac{r}{R}\right)^2\mathrm{J}_0\left(\frac{\zeta_s^{(1)}r}{R}\right)\mathrm{d}r=\frac{R^2}{M_s}\int_0^1 x\,(1-x)^2\,\mathrm{J}_0\left(\zeta_s^{(1)}x\right)\mathrm{d}x,\tag{5.75}$$

这里为方便计算我们引入变量代换 $x=r/R$, 其中

$$M_s=\int_0^R r\mathrm{J}_0^2\left(\frac{\zeta_s^{(1)}r}{R}\right)\mathrm{d}r=R^2\int_0^1 x\mathrm{J}_0^2\left(\zeta_s^{(1)}x\right)\mathrm{d}x.\tag{5.76}$$

此时我们需要分别计算 (5.75) 式和 (5.76) 式中的积分.

首先计算 (5.76) 式中的积分:

$$\begin{aligned}\int_0^1 x\mathrm{J}_0^2\left(\zeta_s^{(1)}x\right)\mathrm{d}x&=\frac{1}{\zeta_s^{(1)}}\int_0^1\mathrm{J}_0\left(\zeta_s^{(1)}x\right)\mathrm{d}\left[x\mathrm{J}_1\left(\zeta_s^{(1)}x\right)\right]\\&=\frac{\mathrm{J}_1\left(\zeta_s^{(1)}\right)}{\zeta_s^{(1)}}-\frac{1}{\zeta_s^{(1)}}\int_0^1 x\mathrm{J}_1\left(\zeta_s^{(1)}x\right)\frac{\mathrm{d}}{\mathrm{d}x}\left[\mathrm{J}_0\left(\zeta_s^{(1)}x\right)\right]\mathrm{d}x\\&=\int_0^1 x\mathrm{J}_1^2\left(\zeta_s^{(1)}x\right)\mathrm{d}x.\end{aligned}$$

式中我们利用了递推公式 (5.62a) 与 (5.62b) 式. 对比 (5.51) 式可以发现, 上式最后一行的积分正好是一阶贝塞尔函数的模值. 因此有

$$\int_0^1 x\mathrm{J}_0^2\left(\zeta_s^{(1)}x\right)\mathrm{d}x=\frac{\mathrm{J}_0^2(\zeta_s^{(1)})}{2}.$$

将上式代入 (5.76) 式有

$$M_s=\frac{R^2}{2}\mathrm{J}_0^2(\zeta_s^{(1)}).\tag{5.77}$$

接下来我们计算 (5.75) 式中的积分:

$$\int_0^1 x\,(1-x)^2\,\mathrm{J}_0\left(\zeta_s^{(1)}x\right)\mathrm{d}x=\int_0^1\left(x-2x^2+x^3\right)\mathrm{J}_0\left(\zeta_s^{(1)}x\right)\mathrm{d}x.\tag{5.78}$$

利用 (5.63a) 式 (取 $\beta=\zeta_s^{(1)}$, $z=1$) 可得

$$\int_0^1 x\mathrm{J}_0\left(\zeta_s^{(1)}x\right)\mathrm{d}x=\frac{1}{\zeta_s^{(1)}}\cdot\mathrm{J}_1(\zeta_s^{(1)})=0. \tag{5.79}$$

上式取零值是因为 $\zeta_s^{(1)}$ 恰好是 $\mathrm{J}_1(\cdot)$ 的零点.

同理, 基于 (5.63b) 式有

$$\int_0^1 x^3\mathrm{J}_0\left(\zeta_s^{(1)}x\right)\mathrm{d}x=\frac{\mathrm{J}_1(\zeta_s^{(1)})}{\zeta_s^{(1)}}-\frac{2\mathrm{J}_2\left(\zeta_s^{(1)}\right)}{\left(\zeta_s^{(1)}\right)^2}=-\frac{2\mathrm{J}_2\left(\zeta_s^{(1)}\right)}{\left(\zeta_s^{(1)}\right)^2}. \tag{5.80}$$

然而我们仍不知道 $\int_0^1 x^2\mathrm{J}_0\left(\zeta_s^{(1)}x\right)\mathrm{d}x$ 的表达式. 实际上计算该积分需要引入其他特殊函数. 这里我们尝试利用级数表达式来寻找该积分的近似值. 将 (5.53) 式中 J_0 的级数展开式代入有

$$\int_0^1 x^2\mathrm{J}_0\left(\zeta_s^{(1)}x\right)\mathrm{d}x=\sum_{k=0}^{\infty}\frac{(-1)^k\left(\zeta_s^{(1)}\right)^{2k}}{2^{2k}(k!)^2}\int_0^1 x^{2k+2}\mathrm{d}x=\sum_{k=0}^{\infty}\frac{(-1)^k\left(\zeta_s^{(1)}\right)^{2k}}{2^{2k}(2k+3)(k!)^2}$$
$$\overset{\mathrm{def}}{=\!=}g\left(\zeta_s^{(1)}\right). \tag{5.81}$$

尽管我们无法解析地计算上述积分的值 (或等价地 $g(\cdot)$ 的表达式), 但我们可以通过其级数表达式从数值上逼近 $g\left(\zeta_s^{(1)}\right)$. 在工程计算中, 利用级数展开逼近某定积分值是一个有效的近似手段.

将 (5.77) 式及 (5.79)~(5.81) 式代入 (5.75) 有

$$C_s=-\frac{4}{R^2\mathrm{J}_0^2\left(\zeta_s^{(1)}\right)}\cdot\left[g\left(\zeta_s^{(1)}\right)+\frac{\mathrm{J}_2\left(\zeta_s^{(1)}\right)}{\left(\zeta_s^{(1)}\right)^2}\right]. \tag{5.82}$$

由此给出问题 (5.65) 解的最终级数表达式:

$$u(r;t)=\frac{1}{6}+\sum_{s=1}^{\infty}C_s\mathrm{e}^{-\left(\frac{a\zeta_s^{(1)}}{R}\right)^2 t}\mathrm{J}_0\left(\frac{\zeta_s^{(1)}\sqrt{x^2+y^2}}{R}\right) \tag{5.83}$$

对于任意 $z\in[0,L]$ 成立, 其中 C_s 由 (5.82) 式给出.

实际上, 整数阶贝塞尔函数在求解三维空间内柱体内部偏微分方程过程中有着重要的应用, 因此整数阶贝塞尔函数也成为**柱函数**(cylinder function).

课后习题

1. 请验证: 若 $y=F(x)$ 满足贝塞尔方程 (5.7), 则 $\mathcal{P}(r)=F(\sqrt{\lambda}r)$ 满足方程 (5.6).

2. 假设贝塞尔方程的解具有 (5.9) 式的级数表达形式, 其中 $c\leqslant 0$. 根据贝塞尔方程确定相应的系数及指数 c, 并给出对应的级数表达式 [参考 (5.20) 式].

3. 分别讨论第一类贝塞尔函数 $\mathrm{J}_\alpha(x)$ 级数展开的收敛范围.

4. 证明 $y=\mathrm{J}_n(ax)$ 为方程

$$x^2y''+xy'+(a^2x^2-n^2)y=0$$

的解.

5. 代入贝塞尔方程 (5.8) 验证 $y=\sqrt{x}\mathrm{J}_{\frac{1}{2}}(x)$ 满足正弦函数对应的常微分方程:

$$\frac{\mathrm{d}^2y}{\mathrm{d}x^2}+y=0.$$

6. 利用贝塞尔函数的递推公式将 $\mathrm{J}_{\frac{3}{2}}(x)$ 与 $\mathrm{J}_{\frac{5}{2}}(x)$ 表达为初等函数形式.

7. 试证 $y=x^{\frac{1}{2}}\mathrm{J}_n(x)$ 是方程

$$x^2\frac{\mathrm{d}^2y}{\mathrm{d}x^2}+x^{\frac{1}{2}}\left[x^2-\left(n^2-\frac{1}{4}\right)\right]y=0$$

的一个解.

8. 试证 $y=\mathrm{J}_\alpha\left(\frac{1}{x}\right)$ 是方程

$$x^4\frac{\mathrm{d}^2y}{\mathrm{d}x^2}+x^3\frac{\mathrm{d}^2y}{\mathrm{d}x^2}+(1-\alpha^2x^2)y=0$$

的一个解.

9. 利用贝塞尔函数递推公式证明以下结论:

(a) 请验证 (5.62a) 式~(5.62c) 式.

(b) 利用贝塞尔函数的递推关系证明 (5.62b) 式和 (5.62c) 式, 并将 $r^{n-1}\mathrm{J}_n(\beta r)$ 及 $r^{n+1}\mathrm{J}_n(\beta r)$ 分别写成相邻阶贝塞尔函数 $\mathrm{J}_{n-1}(\beta r)$ 和 $\mathrm{J}_{n+1}(\beta r)$ 的导数形式.

10. 利用贝塞尔函数的级数展开式证明 $\mathrm{J}_{-\frac{1}{2}}(x)$ 是初等函数, 即 (5.37) 式.

11. 利用贝塞尔函数的递推公式计算下列积分:

(a) $\displaystyle\int_0^x r^6\mathrm{J}_0(\beta r)\,\mathrm{d}r$;

(b) $\displaystyle\int_0^x \mathrm{J}_1(r)\,\mathrm{d}r$;

(c) $\displaystyle\int_0^x \frac{1}{r}\mathrm{J}_2(r)\,\mathrm{d}r$;

(d) 若可以利用上述方法求解 $\displaystyle\int_0^x x^\gamma\mathrm{J}_\alpha(\beta r)\mathrm{d}r$, 问 $\gamma>0$ 与 $\alpha>0$ 应满足什么关系?

(e) 若上问中 $\gamma<0$, 其又和 $\alpha>0$ 满足什么关系?

12. 用分离变量法求解下列初边值问题:

$$\begin{cases} u_{tt} - a^2(u_{xx} + u_{yy}) = 0, \quad x^2 + y^2 < 1, \quad t > 0; \\ u|_{x^2+y^2=1} = 0; \\ u|_{t=0} = \left(1 - \sqrt{x^2 + y^2}\right), \quad u_t|_{t=0} = 0. \end{cases}$$

13. 考虑圆柱区域 $\Omega = \{(x, y, z) | x^2 + y^2 < R^2, 0 < z < h\}$ 内调和方程边值问题:

$$\begin{cases} u_{xx} + u_{yy} + u_{zz} = 0, \quad \sqrt{x^2 + y^2} < R, \quad z \in (0, h); \\ u|_{\sqrt{x^2+y^2}=R} = 0; \\ u|_{z=0} = 0, \quad u|_{z=h} = R^2 - (x^2 + y^2). \end{cases}$$